KB208943

프리츠와 카트린의
수학보험

Original Title : "Die mathematische Abenteuer von Fritz und Katharina"
by Klaus Langmann

프리츠와 카트린의

수학모험

클라우스 랑만 지음 | 정명순 옮김

맑은소리

사고력을 키우는 독일 수학, 과정이 정답이다!

프리츠와 카트린의 수학모험

초판 1쇄 인쇄 2007년 11월 26일
초판 1쇄 발행 2007년 12월 3일

지음 | 클라우스 랑만 Klaus Langmann
옮김 | 정명순

펴낸이 | 이석범
펴낸곳 | 도서출판 맑은소리
주소 | 서울시 마포구 솔내1길 1층(서교동 395-36호)
전화 | (02)323-1488
팩시밀리 | (02)323-1489
홈페이지 | http://www.msoribook.com
E-mail | to2001@hanmail.net
출판등록 | 1994년 4월 6일 제3-528호

편집 | 박미향 · 김현진
마케팅 | 김동백 · 장신동
총무 | 황혜정
표지디자인 | 디자인캠프
본문디자인 | 글빛

ISBN 978-89-8050-192-2 03410

서문

수학, 물리학 또는 그 외의 자연 과학 분야나 기술 과학을 공부하는 대학생들에게 첫 학기의 수학 강의는 동기 부여가 큰 몫을 차지한다. 대학 신입생들은 익숙하지 않은 새로운 수학적 사고방식, 예증과 적용 가능성에 대한 의문에 어려움을 느낀다.

이 책에서는 대학의 수학 강의에서 중요시하는 사항들을 일상생활에서 일어나는 문제에 응용할 수 있도록 하였다. 77가지 모험으로 이루어진 연속되는 이야기 속에는 모두 222문제가 들어 있으며, 학생들은 이 문제를 풀면서 첫 학기에 배울 수학의 모든 공식과 방법을 사용하게 된다. 즉, 강의에서 다루는 분야와 관련된 연습 문제들을 모험 이야기에 응용함으로써 학생들에게 동기 부여가 되도록 했다.

문제의 난이도는 각기 다르다. 초반부의 33가지 모험은 문제가 그리 어렵지 않아서 자연 과학도를 위한 수학으로 적당하며, 고등학생의 수학 성취도 테스트에 부분적으로 이용할 수 있다. 또 후반부의 44가지 모험은 다양한 수학적 지식이 요구되는 수학도, 물리학도와 기술 과학도에게 적합하다. 77가지 모험에는 가끔 간단한 물리학적인 관찰을 통해 세울 수 있는 공식들이 부수적으로 따르는데, 이는 학생들이 수학 외적인 지식이 없이도 모험에서 나오는 문제들을 해결하는 데 필요하기 때문이다.

각 모험에 나오는 문제들을 강의 자료로 이용할 수 있도록 기초적인 수학 방법론에 대해서는 중요한 모든 공식을 이용했다. 따라서 종종 조금은 이색적인 모험을 시도하기도 했다.

모험을 따라가면서 문제를 해결하는 재미있는 시간이 되기를 바란다.

클라우스 랑만

차례

각각의 모험에는 어떤 수학적인 요소가 숨어 있을까?

33가지 가벼운 모험

11. 포물선의 초점

12. 삼각 함수의 유도

13. 중간값

14. 무변화 기준

15. 최댓값

16. 페르마의 원리

17. 최댓값 부근

18. 테일러 법칙

19. 고도에 따른 기압 변화

20. 타원면

21. 쇠줄의 길이

22. 사이클로이드 길이

23. 평면의 중심

24. 회전체의 부피

25. 회전체의 표면

26. 선형 1차 미분 방정식

27. 선형 2차 미분 방정식

28. 뉴턴의 근사법

29. 3원 1차 연립 방정식

30. $\mathbb{R}^3$에서 서열 산물

31. 벡터곱

32. 지면을 통과하는 직선

33. 1차 부등식

44가지 거친 모험

34. 피보나치수열
35. 삼각 함수와 구면에 이 함수의 적용
36. 곡선에서의 탄젠트
37. 테일러 법칙
38. 최댓값
39. 치환 규칙, 오일러 공식
40. 매개 변수의 길이
41. 적분과 수열의 교환
42. 푸리에 급수
43. 오일러 상수
44. 감마 함수와 사인곱
45. 연산
46. 역행렬 계산
47. 베이시스 계산
48. 5원 1차 연립 방정식
49. 사면체 부피를 위한 행렬식
50. 반데르몬데의 행렬식
51. 고윳값, 회전
52. 고유 벡터 계산
53. 고유 벡터의 베이시스
54. 대각 행렬 M의 M^R 계산
55. 조르당 방식
56. $\mathbb{R}^n$에서 연쇄 공식

각각의 모험에는
어떤 수학적인 요소가
숨어 있을까?

모험 01

동산에서 썰매 타기

새해 첫날 아침, 프리츠는 정신이 몽롱한 상태에서 잠이 깼다. 어젯밤의 유쾌했던 송년 파티의 여운이 기분 좋게 남아 있었다. 그때 문득 불쾌한 느낌이 되살아났다. 이제 곧 치르게 될 고등학교 졸업 시험 때문에 어제까지도 마음이 짓눌려 있었던 것이다.

'상관없어!'

프리츠는 의식적으로 별일 아닌 것처럼 여기며 시험에 대한 생각을 떨쳐 버렸다. 창밖을 바라보니 눈이 내리고 있었다. 밤새 내린 듯했다. 마음이 한결 가벼워졌다.

프리츠는 기분이 좋아져서 같은 반 친구 카트린에게 새해 인사를 하기 위해 집을 나섰다. 올해에는 카트린과의 관계가 더 좋아지기를 남몰래 소원해 보지만 이런 마음을 표현하기가 쑥스럽다. 어쨌든 그는 수업 시간에 칠판을 쳐다보는 것보다 카트린을 훔쳐보는 것에 더 열중했고, 그것이 성적에도 영향을 끼쳤다.

'상관없어!'

프리츠는 걱정스런 생각을 지우고자 애썼다. 어느덧 카트린의 집 앞까지 왔다. 설렘과 어젯밤 축제의 여운 때문만이 아닌, 왠지 모를 야릇한 기분에 휩싸여 초인종을 눌렀다. 카트린이 문을 열자 프리츠는 정중히 새해 인사를 했다. 카트린도 경쾌하게 답례하고 나서 오늘처럼 눈이 많이 오는 날은 썰매를 타는 게 좋지 않겠느냐고 물었다. 순간 프리츠는 이 세상에서 가장 행복한 사람이 된 듯했다.

프리츠와 카트린은 프리츠 아버지의 차를 타고 산으로 향했다. 그리고 썰매 타기에 좋은 언덕을 발견했다. 둘은 신나게 놀다가 커다란 눈사람을 만들기 시작했다. 프리츠는 혼자서 커다란 눈덩어리를 들어 올리려고 했지만 너무 무거웠다. 카트린의 도움을 받아 겨우 눈사람을 완성할 수 있었다. 프리츠는 카트린에게 자신의 허약함을 내보인 것이 부끄러워 이제부터 운동으로 신체를 단련하기로 결심했다. 먼저 팔 굽혀 펴기를 하기로 했다. 지금은 고작 10개 정도 할 수 있지만 오늘 밤에는 11개를 하려고 한다. 내일과 모레는 12개, 그 후 3일간은 13개, 그리고 그 후 4일간은 14개를 할 것이다. 50개에 도달하기까지 천천히, 그러나 확실히 향상시키겠다고 다짐한다.

프리츠는 이 목표를 언제 이룰 수 있을까요? 그리고 그날까지 팔 굽혀 펴기를 몇 번이나 해야 할까요?

모험 02

솔깃한 제안

프리츠는 힘센 영웅이고 싶어 하지만 카트린은 지금의 프리츠가 나쁘지 않다. 카트린은 커다란 눈덩어리를 혼자 들어 올리느라 쩔쩔매며 얼굴이 시뻘게진 프리츠를 놀려 댔다. 하지만 프리츠가 부끄러워하는 것을 눈치 채고는 재빨리 화제를 바꾸어 프리츠의 멋진 썰매솜씨를 칭찬했다. 프리츠는 금세 기분이 좋아졌다. 그들은 눈사람과 작별한 뒤 썰매를 타고 쌩 소리를 내며 계곡을 내려갔다. 정신이 아찔할 정도의 속도였다. 산자락에 도착하는 순간 썰매가 뒤뚱거리는 듯하더니 그들은 순식간에 튕겨 나가 눈더미에 처박혔다. 하지만 욱신거리는 팔다리를 한 번 쓸어 주고는 용기를 내어 다시 한 번 썰매를 타러 올라갔다. 이번에는 썰매가 뒤뚱거릴 때 무게 중심을 잡으려고 애를 썼더니 넘어지지 않았다. 그들은 점점 썰매 타는 재미에 빠져들었다. 다음 날도 썰매를 타러 갔다. 그들은 며칠간 썰매를 타러 다니며 더욱 사이가 가까워졌다.

그러나 얼마 후 프리츠의 부모님은 프리츠가 요즘 깜빡깜빡 잘 잊어버리고 매사에 소홀하다며 염려하셨다. 프리츠의 성적은 점점 나빠졌다. 이에 아버지는 아들에게 획기적인 제안을 하였다. 프리츠가 졸업 시험에 합격하면 프리츠 몫으로 5,000마르크짜리 통장을 만들어 주겠다는 것이었다. 여기에 은행 이자 4퍼센트가 보장되었다. 합리적인 생각의 부모님은 프리츠를 위해 이 돈을 정기 예금에 넣어 둘 생각이었다. 그러나 프리츠는 좀 더 현실적인 것을 원했다. 이 돈에서 매년 500마르크씩 배낭여행을 하는 데 쓰게 해 달라는 것이었다. 나머지 돈은 길게 잡아 8년간의 대학 생활 후에 장래를 위해 사용할 계획이다. 이자에 이자를 계산한다면 충분할 것이다.

"그러면 얼마나 남게 되지?"

부모님이 걱정스럽게 물어보았다. 프리츠는 신중히 생각해야 했다.

"그 돈으로 얼마나 오랫동안 배낭여행을 할 수 있을까?"

카트린의 이러한 질문에도 얼른 대답할 수 없었다.

여러분은 아시나요?

모험 03

프리츠의 놀라운 실력 향상

부모님의 제안이 실제로 효과를 가져왔다. 프리츠는 학교에서 집중력이 좋아졌고 카트린에게 한눈파는 일도 줄어들었다. 카트린도 프리츠의 마음이 동요되지 않도록 솔직하게 대답해 주었다. 언젠가는 상황이 바뀌어 그가 카트린을 도울 수 있게 되기를 바랐다. 하지만 그렇게 되기까지는 아직 시간이 더 필요했다. 어쨌든 시간은 바람처럼 흘러갔다. 오늘은 비가 내려서 썰매 타기도 힘들게 되었다. 그러나 다른 재미있는 놀이들이 많았다.

학교의 지겨운 공부가 끝난 뒤 그들은 멋진 시간을 보냈다! 프리츠를 축하해 줄 일도 생겼다. 그가 수학에서 B학점을 받은 것이다. 이 놀라운 점수는 물론 프리츠의 실력이 향상된 덕분이지만 카트린의 도움도 컸다. 시험 보기 한 시간 전에 카트린이 프리츠에게 격려가 담긴 애정 어린 글과 함께 숫자와 공식을 그려 넣은 쪽지를 보내온 것이다.

눈에 띄는 성과는 생물 과목에서도 나타났으며 더욱 놀라운 일은 생물 시간에 프리츠가 두각을 나타낸 것이다. 요즘 생물 시간에 박테리아에 대해 조사하는데, E-콜리균에 대해 공부할 때였다. 선생님은 식수에 이 균이 들어가면 어떻게 되는지, 단백질이 풍부한 고깃국에서 이 균이 어떻게 번식하는지를 설명하였다. 고깃국! 예전 같으면 이 단어가 프리츠에게 요리 시간을 생각나게 했는데 오늘은 고깃국 속의 균과 함께 여러 가지 생각이 떠올랐다. 이 좋은 배양물 속에서 박테리아가 매초 0.05퍼센트씩 늘어난다는 선생님 말씀을 학생들은 긴장하며 들었다.

다음 날 다시 생물 시간이 되었다. 고기 국물이 들어 있는 배양기를 부화장에서 꺼내온 뒤 선생님은 학생들에게 질문을 던졌다.

"박테리아가 얼마나 많아졌을까?"

학생들은 대부분 "수백만 배요."라고 대답했고 용감한 학생은 10억 배라고도 했다. 그러나 프리츠는 그보다 더 큰 수를 말했으며 선생님에게 정확한 답을 말했다고 칭찬을 들었다.

프리츠의 대답은 무엇이었을까요?

모험 04

네 명이 벌이는 난상토론

프리츠는 기분이 좋았다. 자랑스러운 마음으로 카트린을 바라보니 카트린도 자기 못지않게 기뻐하는 것 같았다. 몇 명의 학생이 석연치 않다는 듯 고개를 갸우뚱하며 이의를 제기했다. 박테리아가 그 같은 비율로 늘어난다면 모레 아침엔 온 지구가 E-콜리균으로 뒤덮일 것이라는 의견이었다. 그러자 선생님은 매초 0.05퍼센트씩 번식하는 것은 배양물 증식 조건이 충족되는 경우에 한해서라고 설명하였다. 프리츠의 대답은 이론적으로 정확한 것이었다.

식구들이 모여 점심 식사를 할 때 프리츠는 생물 시간에 있었던 일을 화제에 올렸다. 부모님과 동생도 무척 기뻐했다. 이 일로 프리츠는 오래전부터 계획했던 일을 실행할 수 있게 되었다. 그는 친구 카를과 함께 이번 방학 때 에스파냐로 여행을 가고 싶었다. 그런데 성적이 좋지 않아서 부모님이 반대하리라고 생각했는데 그 계획을 실행할 수 있게 된 것이다.

프리츠는 카를에게 달려가 이 같은 상황을 설명했다. 혼자 여행하는 것이 별로 내키지 않았던 카를은 프리츠의 말을 듣고 뛸 듯이 기뻐했다. 그들은 카트린의 집으로 갔다. 마침 카트린의 친구 수지가 놀러 와 있었다. 카트린은 이들의 말을 듣고 축하해 주었다. 카트린도 이번 방학 때 펜팔 친구를 만나러 영국에 갈 생각이었다. 이번 여행은 졸업 시험을 앞두고 활력을 얻기 위한 것이었다. 카트린은 그 동안 혼자 남게 될 프리츠가 마음에 걸렸는데 일이 잘 풀렸으니 얼마나 다행인가!

네 명은 오랫동안 이런저런 이야기를 나누다가 어제 발사된 새 로켓으로 화제가 옮아갔다. 뉴스에 따르면, 이 로켓은 지구에서 직선거리로 매일 38,000km씩 멀어져 간다고 한다. 로켓 발사의 의미와 목적에 대해 서로의 의견이 달랐다. 프리츠는 이 일에 찬성이었고 나머지 세 명은 지구와 관련된 더 시급한 문제들을 먼저 해결해야 한다는 점에서 반대했다. 카를은 로켓이 발사된 처음 한 시간 동안 소모되는 에너지가 약 200,000kWh에 달한다고 했다. 이렇게 많은 에너지를 소모하는 로켓이 몇 년씩이나 운행되다니! 모두들 어마어마한 숫자에 입을 다물지 못할 때 카트린이 좀 더 구체적인 사실을 말해 주었다. 로켓은 발사되는 첫날, 전체 필요한 에너지의 3분의 2보다 더 많은 에너지를 소모한다는 것이었다.

여러분도 이 같은 사실을 알았나요?

모험 05

프리츠와 카를, 에스파냐에서 잠수하다

네 사람은 오랫동안 마주 앉아 머리가 뜨거워질 만큼 대화에 열중했다. 마침내 다시 에스파냐 여행으로 이야기가 옮아갔다. 카를은 결혼한 사촌이 에스파냐에 사는데 기꺼이 잠자리를 제공해 주기로 약속했다고 한다. 물론 여행 경비는 프리츠와 카를이 마련해 가야 한다. 그들은 여행 도중 갈아입을 옷가지와 필요한 것들을 준비했다.

마침내 3월 16일, 기다리던 방학이 왔다. 프리츠와 카를은 카트린이 부모님 몰래 갖고 나온 차를 타고 가장 가까운 고속도로 휴게소로 갔다. 카를은 프리츠와 카트린이 작별 인사를 나누도록 자리를 마련해 주었다. 카트린은 잘 다녀오라는 인사를 하면서 눈물을 보였다. 그들은 서로 손을 흔들며 헤어졌다.

프리츠와 카를은 지나가는 차에 편승하려고 기다렸다. 예상치 않게 가랑비가 내리기 시작했지만 에스파냐의 따뜻한 태양과 푸른 바다를 생각하니 마음은 설렜다. 운 좋게 그들은 곧 차를 얻어탔고, 다음 날 해 뜰 무렵 리옹 근처에서 침낭에 들어가 잠을 좀 잤다. 정오에 다시 차를 얻어타고 히치하이크를 하기 위해 도로변에서 기다렸다. 하지만 다섯 시간을 허비한 끝에 결국 돈을 내고서야 차를 타고 저녁때쯤 페르피냥에 도착할 수 있었다. 다음 날 해 질 녘에 마침내 카를의 사촌이 살고 있는 빌라에 도착했다. 둘은 녹초가 되어 납덩이 같은 몸을 눕히자마자 잠이 들었다. 다음 날 깨어 보니 베란다에 멋진 아침 식사가 준비되어 있었다. 밝게 비치는 태양만큼이나 그들의 기분도 좋았다.

카를의 사촌 안나는 그들에게 코스타브라바(Costa Brava)의 나이 지긋한 여행 가이드를 소개해 주었다. 가이드가 환상적일 정도로 맑은 이곳의 물은 10m 깊이에서도 햇빛의 50퍼센트가 투과된다고 말했다. 환호성을 지르며 잠수 안경을 쓰고 바다로 뛰어든 그들은 아름다운 작은 바위섬을 발견했다. 초봄의 싸늘한 날씨로 바닷물의 수온은 낮았지만 몸이 단련된 젊은이들에게는 큰 문제가 아니었다. 카를은 1.5m 깊이까지 잠수해 들어가 바로 눈앞에서 커다란 조개를 보았다. 그 조개는 햇빛 아래에 있는 것처럼 다양한 색깔로 반짝였다.

여행 가이드의 말이 사실이라면, 그 조개는 실제로 몇 퍼센트의 햇빛을 받고 있는 것일까요?

모험 06

보트 타기

"수영은 짧은 시간에 강도 있게 해야 돼!"

프리츠와 카를은 물에서 나오자마자 재빨리 몸을 닦고 마른 옷으로 갈아입었다. 그러고 나서 햇볕에 몸을 녹였다. 기분 좋게 따뜻한 햇볕이 차가워진 몸을 녹여 주었다. 그들은 주변을 천천히 둘러보았다. 연초여서인지 사람이 거의 없는 바위섬을 독차지한 채 한껏 즐겼다. 바위 타기를 하는 짬짬이 카를은 다시 물속으로 뛰어들었다.

"추워서 소름 끼치니까 난 싫다!"

프리츠가 외쳤다. 햇볕 아래서는 온도계가 25℃를 가리키지만 달력 날짜로는 아직 겨울이다. 그리고 오후에는 날씨가 더 추워지기 때문에 두꺼운 웃옷이 필요하다.

수영을 하고 나자 갑자기 배가 고파졌다. 아쉽지만 아름다운 바위섬을 떠나 몸도 녹일 겸 식사할 곳을 찾기 위해 한참을 걷다가 작은 음식점을 발견하고 들어갔다. 그들은 에스파냐식 해물 야채 볶음밥을 주문했다. 주인은 이른 시간에 온 첫 손님을 반가이 맞고는 그들과 수다를 떨었다. 물론 독일어로! 이런 일은 코스타브라바에서 흔히 볼 수 있는 광경이다. 잠시 후 젊은 에스파냐 인 부부가 식당 안으로 들어왔다. 그들도 곧 합석하여 함께 이야기를 나누었다. 휴가를 즐기는 에스파냐 인 부부 카르멘과 호세는 음식점 주인과 달리 독일어를 몰랐으므로 프랑스 어로 말했다. 프랑스 어를 전혀 모르는 프리츠를 위해 카를이 독일어로 통역해 주었다. 에스파냐 인 부부는 내일 자기들 소유의 돛단배를 타려고 하는데 새로 사귄 독일 친구들에게 함께 타지 않겠느냐고 물었다. 둘은 흔쾌히 초대를 받아들였다.

다음 날 그들은 항구에서 다시 만났다. 네 사람이 배를 타자, 곧 강한 바람에 배가 앞으로 나아갔다. 다행히 배 주인이 준비해 놓은 여분의 방한복 점퍼 덕분에 카를과 프리츠는 바람을 막을 수 있었다. 햇볕이 비쳤지만 따뜻하지는 않았다. 차가운 날씨를 제외하고는 모든 게 만족스러웠다. 돛단배도 잘 꾸며져 있었다. 호세는 각도를 재는 도구에 대해 설명해 주었고, 그들은 위도 42도 상에서 정확히 동쪽을 향해 가고 있다는 것을 알았다. 그렇게 한참을 항해하다가 카르멘이 이제 돌아가자고 제안했고 그 말에 모두가 찬성했다. 그런데 먼저 위치를 정확히 알아야 했다. 그들은 전체적으로 1/2 경도를 동쪽으로 나아갔다는 것을 알아차렸다. 그러고 나서 같은 길로 되돌아가는 것이다. 그들은 오후 다섯 시경에 항구에 다다랐다. 차가운 날씨에 오랫동안 항해를 하다가 마침내 배가 항구에 도착하니 프리츠와 카를은 기뻤다.

그들은 얼마나 먼 거리를 항해했을까요?

모험 07

커다란 나무 아래서 소풍을 즐기다

배가 닻을 내리자마자 네 사람은 항구에 있는 주점으로 달려갔다. 주점 안은 벽난로가 활활 타오르고 있었다. 그들은 벽난로 가까이에 자리를 잡고 앉아 몸을 덥혔다. 도수 높은 술이 들어가니까 마음까지 뜨거워졌다. 프리츠와 카를은 이날의 추억을 소중하게 간직할 것이다. 오랜 시간이 지난 후 대화에 끼어들지 못하고 몸짓으로만 답하던 프리츠가 이제 그만 가자고 하여 모두 자리에서 일어났다. 카르멘과 호세에게 멋진 항해에 대해 진심으로 감사의 말을 남기고 헤어졌다.

벽난로 앞에서 따뜻해졌던 몸이 찬 바람에 싸늘해지자 프리츠와 카를은 발걸음을 재촉하여 그들이 묵고 있는 안나의 집으로 향했다. 집에 도착하여 뜨거운 물로 샤워를 하고 잠자리에 들었다. 다음 날도 하늘은 구름 한 점 없이 맑았으나 어제처럼 바람이 세차게 불었다. 안나가 연초의 이곳 날씨는 늘 이런 식이라고 설명해 주었다. 그러고 보니 오늘이 입춘이었다. 프리츠는 추위에 소름이 돋을 것을 생각하고 오늘은 바다에 가지 말고 산보를 하자고 제안했다. 안나는 소시지, 치즈, 달걀, 빵과 후식으로 맛있는 초콜릿 푸딩을 한 통 가득 싸 주었다. 두 사람은 필요한 것들을 챙겨 가지고 길을 나섰다.

도중에 아름다운 오솔길을 발견했는데, 소나무로 뒤덮인 언덕을 지나 푸른 바다와 나란히 나 있는 구불구불한 길이었다. 길을 따라 나타나는 바다 풍경은 황홀했다. 특히 깎아지른 듯 가파른 해안은 기괴한 바위들과 어울려 그냥 지나치기 어려울 정도로 아름다웠다. 그들은 그곳의 풍경을 사진기에 담느라 연신 찰칵거렸다.

마침내 두 친구는 높은 지역에 있는 고원에 도착했다. 그곳에는 이름을 알 수 없는 키 큰 나무가 멋진 모양새를 드러내고 있었다. 그들은 그 거대한 나무에서 약 60m 떨어진 곳에 자리를 잡고 앉았다. 왜냐하면 그곳에서 가장 아름다운 정경을 볼 수 있었기 때문이다. 나무 밑동과 같은 높이에 앉아 있는 그들은 한쪽으로는 나무의 멋들어진 자태를, 다른 쪽으로는 그에 못지않게 멋진 파도치는 바다의 모습을 볼 수 있었다. 햇볕도 따뜻하게 비춰 주었다. 하지만 유감스럽게도 달콤한 시간은 오래가지 않았다. 그 지역 시간으로 오후 3시에 해는 벌써 그 큰 나무의 맨 꼭대기 나뭇가지에 가려졌다.

여러분은 나무의 크기가 어느 정도라고 생각하나요?

모험 08

한낮의 꿈

그늘에서는 벌써 쌀쌀해졌다. 그들은 따뜻한 햇살이 비치는 쪽으로 50m 자리를 옮겨 갔다. 거기서 안나가 싸 준 음식을 먹으며 행복감에 취해 있다가, 배가 부르니 스르르 잠이 와 짧은 낮잠을 즐겼다. 그러고 난 뒤 집으로 향했다. 오는 길에 소나무 사이로 보이는 로맨틱한 분위기의 포도주 전문 술집이 그들을 유혹했다. 그곳에서 포도주를 한잔 한 뒤 밤이 되어서야 집에 도착했다.

다음 날 아침 눈부신 햇살에 눈을 떴다. 알프스 산에서 내리 불던 북풍도 오늘은 잠잠하다. 그렇다면 오늘은 백사장에서 일광욕을 즐길 수 있을 것이다! 풍성한 아침 식사를 마치고 멋진 해안가로 가서 바닷물에 뛰어드니 물은 여전히 차가웠다. 수영 후 햇볕 아래 기분 좋게 누웠다. 아직은 연초인 데다 그다지 뜨거운 날씨도 아니었으므로 그들은 선크림이 필요 없을 것이라고 생각했다. 하지만 시간이 지나면서 그들은 분명 후회할 것이다.

그들은 삶이란 즐길 만하다고 생각하며 각자 달콤한 상념에 빠져들었다. 프리츠는 카트린이 영어 실력을 쌓고 있을, 안개 자욱한 영국을 그려 보았다. 카트린과 함께 보낼 여름 방학을 떠올렸다. 그녀와 아름다운 이곳으로 올 수 있을까? 그 같은 생각을 말하자 카를은 고개를 가로저었다. 그러면서 여름엔 이곳이 사람들로 발 디딜

틈도 없을 것이라고 했다. 유감이었다. 이토록 매력적인 곳에 카트린과 꼭 와 보고 싶은데……. 낭만주의자 프리츠는 못내 아쉬웠다.

"더 좋은 곳이 있을 거야."

카를이 친구를 위로했다. 프리츠도 같은 생각이었다.

프리츠는 이런저런 상념을 떨쳐 내고자 카를에게 내기 수영을 하자고 제안했다. 이 게임에서 프리츠는 허무하게 져 버렸다. 다음번 내기인 오래달리기에서는 프리츠가 이겼는데, 짐이 있는 곳까지 왔을 때 둘 다 혓바닥이 축 늘어졌다. 프리츠와 카를은 음료수와 빵을 허겁지겁 먹었다. 그러고 나자 또 낭만적인 상념들이 실타래처럼 풀려나왔다. 여권에 1.80m라고 적혀 있는 프리츠는 꿈꾸듯 먼 곳을 바라보았다. 카를은 프리츠의 약 두 배 눈높이에 있는 바위에 웅크리고 앉아 푸른 바다 저편을 바라보고 있었다. 바다 너머 끝없이 보이는 먼 곳에 수평선이 믿을 수 없이 분명하게 드러나 있었다.

이 수평선은 프리츠와 카를로부터 얼마나 멀리 떨어져 있을까요?

모험 09

운행 일지에 나타난 의문

두 사람은 그렇게 꿈꾸듯 몇 시간을 보냈다. 그리고 다시 햇볕 아래 누워서 꿈꾸기를 계속했다. 한참 후 붉게 달구어진 그들은 옷가지를 주워입고 해안가를 따라 걸어 보려고 나섰다. 저녁이 되자 쌀쌀해졌지만 그들은 전혀 추운 줄을 몰랐다. 오히려 후덥지근한 게 불쾌하기까지 했다. 사람들이 내일 날씨는 백사장에서 일광욕을 즐기기에 부적합할 것이라고 말했다. 집에 도착하여 안나가 내일 일기예보가 별로 좋지 않다고 말했을 때 두 사람은 전혀 아쉽지 않았다. 오늘 햇볕 아래서 충분히 즐겼으니 내일 일광욕을 못 한다 해도 아쉬울 것이 없었던 것이다.

저녁 식사 후 안나와 운송업자인 그녀의 남편 후안과 이런저런 이야기를 나누었다. 후안은 프리츠와 카를에게 내일 회사의 운전자들이 수송하는 데 따라가지 않겠느냐고 물었다. 두 사람은 그 제안을 기꺼이 받아들였다. 그러나 후안이 새벽 6시에 짐 싣는 걸 도와주라고 덧붙여 말할 때 그들의 얼굴은 눈에 띌 정도로 일그러졌다. 하지만 그렇다고 취소할 수는 없는 일! 두 사람은 그날 밤 일찍이 잠자리에 들었다.

다음 날 아침 그들은 시간에 맞추어 일어나 회사로 갔다. 후안은 그날 일을 책임질 페드로와 토마스를 소개했다. 일은 벌써 시작되었다! 프리츠는 페드로와 팀을 이루어 다른 팀보다 일찍 물건을 실었다. 그래서 출발도 먼저 할 수 있었다. 두 팀은 서로 다른 길을 이용했으며 짐을 싣고 푸는 시간도 각각 달랐다. 오후에 프리츠와 페드로 팀의 트럭이 먼저 집에 도착했다. 카를과 토마스 팀은 약 30분 후에 도착했다. 두 독일인은 두 에스파냐 인 친구에게 감사함을 표현하고, 작별할 때 그들로부터 기념으로 각각 운행 일지를 받았다. 거기에는 운행 속도에 대해 정확한 정보가 적혀 있었다. 두 일지를 비교해 보니 프리츠 팀과 카를 팀의 트럭이 전혀 다른 속도로 운행되었다는 것을 분명히 알 수 있었다. 한 차가 급히 갈 때 다른 차는 천천히 갔고, 한 차가 짐을 실을 때 다른 차는 전속력으로 달렸다.

"이것 봐, 우리는 똑같은 시간에 똑같은 속도로 달린 적이 한 번도 없어!"

프리츠가 두 운행 일지를 살펴보면서 말했다.

여러분은 어떻게 생각하나요? 프리츠의 눈이 안 좋은 것일까요, 아니면 두 운행 일지 중 하나가 잘못된 것일까요?

모험 10

피레네 산으로

"네 눈에 뭐가 씌었나 보지."

카를이 프리츠의 말을 반박하면서 운행 일지의 한 곳을 가리켰다. 그리고 두 사람은 학교에서 배운 지식을 총동원하여 머리를 짜냈지만 더는 알아내지 못했다. 두 사람은 차를 타고 돌아다니느라 몸이 녹초가 되어 이제는 좀 쉬고 싶었다.

'이런 일을 매일 해야 한다면…….'

프리츠는 그런 생각을 하다가 몸서리를 쳤다.

다음 날 아침 잠에서 깨어나 보니 하늘은 어제와 마찬가지로 흐렸다. 안나가 2, 3일간 근처 피레네를 돌아보는 것이 어떻겠느냐고 제안했다. 그 말에 두 사람은 다시 짐을 꾸려 길을 나섰다. 가끔 차를 얻어타기도 했지만 주로 대중교통 수단을 이용해 저녁 무렵 산 중앙에 자리 잡은 도시 안도라에 도착했다. 야영하기엔 쌀쌀한 날씨였으므로 그들은 숙박할 곳을 찾다가 작은 모텔로 들어섰다. 주인은 산에 아직 눈이 남아 있으며 원한다면 썰매를 빌려 줄 수 있다고 프랑스 어로 말했다.

다음 날 아침을 든든히 먹은 뒤 프리츠와 카를은 썰매를 번갈아 가며 옆구리에 끼고 현기증이 날 만큼 높은 곳까지 기어올랐다. 그 사이에 해가 다시 비쳤다. 옷을 두껍게 껴입고 가파른 산을 오르니

땀이 흘렀다.

마침내 두 사람은 작은 눈밭에 도착했다. 낮에는 포근하다가도 밤이 되면 기온이 내려가 서리가 끼곤 하는 때인지라 눈밭은 거의 미끄러운 얼음으로 덮여 있었다. 썰매를 탈 만큼 넓지도 않았다. 저 위에는 넓은 눈밭이 펼쳐져 있었지만 두 사람은 지쳐서 더 올라가고 싶지 않았다. 여기서 누가 빨리 썰매를 타는지 내기를 하기로 했다.

거리는 약 100m였고 대략 8퍼센트의 일정한 경사를 이루고 있었다. 브레이크를 잡을 만한 공간이 좀 더 필요했지만 그럴 만한 여유가 없었다. 출발 소리에 맞추어 프리츠가 먼저 출발하고 카를이 시간을 쟀다. 프리츠는 약간 브레이크를 잡으면서 미끄러운 얼음판을 내려갔는데 자신의 기록에 만족하지 못했다. 다음은 카를 차례였다. 카를은 브레이크를 잡지도 않고 전속력으로 질주했다. 프리츠는 카를의 기록을 보고 경탄했다.

카를이 썰매를 타는 데 걸린 시간은 몇 초였을까요?

모험 11

짧은 프랑스 방문

썰매 타는 데 두 사람은 곧 지쳤다. 눈에 얼음이 뒤섞여 눈싸움하기에도 좋지 않았다. 그래서 그만 내려가기로 했다. 모텔 주인에게 썰매를 되돌려주고 두 사람은 여행을 계속하기로 했다. 차를 공짜로 얻어타는 데도 행운이 따라야 한다. 프랑스 쪽의 피레네로 가는 자동차를 얻어탄 두 사람은 이 기회를 잘 이용하기로 했다.

운전자 옆에는 수개 국어에 능통한 카를이 앉았다. 운전자는 세계적으로 유명한 포물면 거울이 있는 곳에서 멀지 않은 마을에 어두워지기 전에 도착해야 한다고 했다. 프리츠와 카를은 고개를 갸우뚱했다. 그들은 에너지 종류에 대해 지대한 관심을 갖고 있는 데다가 프리츠는 독일에서 생태 문제에 관한 모임에 종종 참여했지만 이런 이야기는 금시초문이었다. 운전자는 자기가 아는 사실을 설명해 주었다. 그것은 프랑스 정부의 실험 프로젝트이며, 피레네가 통계상 한 해에 해가 비치는 시간이 많고 위치가 높아 집중적인 태양광선을 보장해 주기 때문에 그곳에 설치했다는 것이다. 운전자는 이 프로젝트에 감동한 것 같았다. 그는 이것을 프리츠와 카를에게 보여 주기 위해 길을 조금 돌아가자고 제안했다. 두 사람은 물론 찬성했다. 몇 번의 우회로를 지나 목적지에 도착하니 발 아래에 그 멋진 포물면 거울이 놓여 있었다.

그것은 오목 거울 중간 정도 모양으로 작은 방 안에 있었다. 그 안에서 신기한 방법으로 모아진 빛이 전기로 변화하는 것이다.

"그런데 어떻게 모든 빛을 이 조그마한 방으로 흘러들게 하지?"

프리츠가 물었다.

"그건 바로 포물면 거울이기 때문이야."

카를이 대답했다. 그 정도는 프리츠도 알고 있었다. 프리츠의 의문은 다른 데 있었다.

여러분은 좀 더 자세한 정보를 줄 수 있나요?

모험 12

일몰

프리츠와 카를은 놀라운 시설에 경탄하며 열심히 카메라에 담은 후 다시 여행을 계속했다. 잠시 후 두 사람은 차를 태워 준 운전자와 헤어졌다. 그러고 나서 다시 오랜 시간 성과 없이 도로변에 서 있다가 결국 돈을 내고 우체국 버스를 얻어타게 되었다. 그리고 페르피냥 역에서 밤을 보냈다. 좀 불편하기는 했지만 돈을 절약할 수 있지 않은가!

다음 날은 풍경이 멋들어진 해안 도로를 타기로 결정했다. 운 좋게도 콜리우르까지 리프트를 타게 되었다. 외따로 떨어진 예술가 마을인 어촌에서는 따뜻한 오후 햇살을 받으며 밖에서 뜨거운 커피를 마셨다. 그러고 나서 마을을 산책했다. 그들은 다시 도로변에 서서 열심히 엄지손가락을 세워 히치하이킹을 시도했지만 아무런 성과가 없었다. 어쩔 수 없이 차표를 사려면 다른 예산을 좀 줄여야 했다. 세르베르 역에서 기차를 갈아탔는데 거기서 넓은 에스파냐 철로를 보니 신기했다(세르베르는 에스파냐와 프랑스의 국경 지역이다). 그들은 완행열차를 탔다.

저녁에 안나의 집에 도착하니 저녁 밥상이 평상시와 같았다. 하지만 지난 3일간의 조촐한 식단에 비하면 진수성찬이어서 벌써부터 입 안에 군침이 돌았다. 다음 날 아침 해가 좀 찡그린 듯싶더니 10시가 되자 다시 환하게 웃었다. 화상을 입을 염려는 없으니 오늘은 백사장에서 일광욕을 하기로 했다. 먼저 그들이 좋아하는 바위섬으로 출발! 거기서 수영을 하고, 백사장에 누워 꿈을 꾸고, 배고프면 먹고, 바위 타기를 했다. 그들은 시간 가는 줄 모르고 놀았다. 그러다 보니 문득 여행 광고지에서 본 듯한 멋진 일몰이 펼쳐지고 있었다. 두 사람은 아름다운 광경을 필름에 담느라 정신이 없었다. 여러분도 아래 사진을 보고 함께 체험하기를! 사진을 다 찍고 나서 여유를 가지고 일몰을 감상했다. 바위에 앉아 지는 해를 바라보며 황홀한 기분에 도취되었다. 서서히 가라앉는 해에서 멀지 않은 곳에 밝은 저녁샛별(아침에 해가 뜨는 동쪽에서 반짝이면 샛별 또는 금성이라고 부르며 라틴 어로는 비너스라고 한다)이 반짝이고 있었다.

"저 별은 태양과 참 가까운 듯하면서도 떨어져 보이네."

지구가 태양으로부터 떨어진 거리보다 몇 배나 더 가까이 있는지 아세요? (이 문제를 풀기 위해 다음 달 내내 밤이면 망원경을 가지고 밖으로 나가는 수고를 덜어 주기 위해 힌트! 금성의 주기는 지구 공전 주기의 0.615배이다.)

모험 13

피게라스를 향해

오랫동안 아름다운 일몰을 즐기는 두 친구에게 오늘이 코스타브라바에서의 마지막 날이었다. 내일은 집으로 돌아가려고 하는데, 무엇보다 고향의 교회에서 열리는 부활절 밤의 파티에 참석하고 싶기 때문이었다. 두 사람은 서먹서먹하던 초창기와는 달리 지금은 교회 일에 적극적으로 참여하고 있었다. 또한 프리츠는 여행하는 데 14일 이상 보내지 않고 나머지 방학 기간에는 졸업 시험 준비를 열심히 하겠다고 부모님에게 약속했다. 두 사람은 즐겨 머물던 해안을 마지막으로 하염없이 바라보다가 아쉬움을 간직한 채 안나의 집으로 돌아왔다.

안나는 후안과 함께 저녁을 준비하고 있었다. 촛불을 켜 놓고 네 사람은 밤늦도록 이야기를 나누었다. 후안이 결혼하면서 안나에게 독일어를 어느 정도 배웠으므로 네 사람이 이야기하는 데 불편한 것은 없었다. 프리츠와 카를이 이 나라에서는 히치하이크가 쉽지 않다고 경험담을 털어놓았다. 그런데 후안이 마침 내일 페드로와 토마스가 피게라스로 갈 것이라고 말하자 두 사람은 매우 기뻐했다.

"하지만 이번에도 두 사람이 서로 떨어져 가야 하고, 운전사들 휴식처에서 여유 자리가 하나밖에 없을 텐데."

후안이 말했다. 하지만 그런 것은 별문제가 되지 않았다. 지난번 경험으로 미루어 보아 두 팀은 중간 휴식 시간이 서로 다를 것이라고 예상되었기 때문이다.

후안은 지도를 펼쳐 놓고 도로를 보여 주었다. 그들이 이용하게 될 도로는 같은 길이었다. 프리츠와 카를은 차를 얻어타고 갈 수 있게 해 준 데 대해 후안에게 고맙다고 말하고, 그 집에 묵을 수 있었던 것과 두 사람의 호의에 감사하며 안나와 후안에게 작별 인사를 했다. 내일 아침 일찍 출발하면서 그들의 아침잠을 방해하지 않기 위해서였다.

다음 날 트럭 두 대가 정확히 새벽 6시에 출발했다. 프리츠가 탄 차가 점점 빨리 달리기 시작하여 카를의 트럭을 앞서 갔다. 하지만 프리츠 팀이 중간에 휴식을 더 오래 취했는지 프리츠와 카를의 트럭은 정한 시간에 동시에 도착했다. 두 사람은 지난번처럼 운행 일지를 선물로 받고 싶었지만 토마스와 페드로는 되돌아가야 했으므로 받을 수가 없었다. 프리츠와 카를은 그들과 헤어졌다. 프리츠는 페드로가 거의 목이 부러질 정도의 속도로 차를 몰았다고 말했다. 그런데 어떻게 같은 시간의 속도 기록계에 프리츠 팀과 카를 팀의 숫자가 똑같은지 이해할 수 없었다. 도저히 있을 수 없는 일이었다.

여러분은 어떻게 생각하세요?

모험 14

독일로 돌아오다

프리츠와 카를이 고속도로 진입로까지 터벅터벅 걸어가 15분 동안 지나가는 차마다 열심히 엄지손가락을 세워 보인 결과 마침내 보람이 있었다. 아마도 안나가 그들의 바지를 빳빳이 다려 준 효과인 것 같았다.

크고 멋진 차가 멈추더니 완벽한 에스파냐 어로 동승하기를 권했다. 자동차가 독일 번호판을 달고 있었으므로 프리츠는 모국어인 독일어로 대답했다. 알고 보니 그들은 엄청난 행운을 잡은 것이었다. 운전자는 사업상 무수히 많은 거래 견본을 가지고 바르셀로나에 가야 했기 때문에 그 먼 길을 자동차로 갔던 것이다. 그는 일을 마치고 계약서를 한 아름 챙겨 프라이부르크로 돌아가는 길이었다.

"원한다면 프라이부르크까지 태워 줄 수 있어요."

그들에게는 너무 반가운 말이었다. 출발! 어떤 속도로 달릴 것인지는 묻지 않았다. 독일과는 달리 에스파냐와 프랑스의 고속도로에서는 속도 제한이 있었는데, 이 타당한 속도 제한을 너무 위반하는 것이 그들에게는 별로 달갑지 않았다. 프리츠는 환경 문제에 예민했으므로 더욱 그러했다. 하지만 오늘 밤 안에 프라이부르크에 닿으려면 어쩔 수 없지 않은가.

새로 만난 운전자도 친절했다. 그들이 서로 이야기를 나누며 달리는 동안 시간은 쏜살같이 흘렀다. 오후에 리옹에 도착했다. 운전자가 프리츠와 카를에게 커피를 사겠다고 했다. 차를 공짜로 얻어탄 데다 커피까지 대접받았는데 그의 호의에 보답할 수 없는 것이 유감이었다.

이 마음씨 좋은 운전자는 돈을 잘 버는 것 같았다. 그가 과중한 세금 부담에 대해 불평하는 것은 그만큼 돈을 많이 번다는 뜻이다.

"돈을 더 벌어 보았자 내겐 이익 될 게 없어요. 그만큼 세금을 더 내야 하고, 결과적으로 보면 오히려 손해거든."

두 사람은 이와 비슷한 이야기를 종종 소문으로 들었다. 하지만 이제까지 그런 소문이 정말 맞는 것인지 확신할 수 없었다. 1년에 10만 마르크를 번다면 물론 많은 세금을 낼 것이라고 짐작할 수 있다. 하지만 지금 이 사람이 100마르크나 200마르크를 더 벌 때 순수익이 전보다 적어질 만큼 세금을 더 내야 하는 것인지 납득할 수 없었다. 분명 세금법 강의가 있던 날 두 사람이 똑같이 감기에 걸려 학교를 못 간 탓일 게다. 그렇지 않았다면 세금을 이전처럼 일람표에 따라 확정짓는 것이 컴퓨터 시대에 이미 고물이 되었다는 것을 알았을 것이다. 세금은 국가가 일정하게 4단계로 확정한 등급에 따라 증가하게 되어 있었다. (혹시 여러분을 자극하여 어떤 계산으로 유도하기 위한 트릭이라고 생각하는가? 그러면 이 책의 방법론 부분을 살펴보면 잘 이해될 것이다.)

그러면 프리츠와 카를이 납득하지 못했던 부분이 여러분에게는 이제 분명해졌나요?

모험 15

봄날의 자전거 하이킹

세 사람은 차를 타고 가면서 여러 가지 주제로 이야기를 나누었다. 특히 정치 문제에 대해서는 의견이 첨예하게 대립될 때도 있었지만 프리츠와 카를은 새로운 여행 친구가 점점 좋아졌다. 운전자도 무전여행 친구들 덕분에 과속하지 않으면서 독일 검문소를 무사히 통과할 수 있었다. 프리츠와 카를은 프라이부르크 조금 못미처에 있는 휴게소에서 내려 다른 차를 이용할 생각이었다. 하지만 예상치 않게 비가 내리고 날씨가 매우 추웠으므로 친절한 운전자는 그들을 비 오는 도로에 내려 주는 게 마음에 걸렸다. 그래서 자기 집에서 자고 갈 것을 권했고 두 사람은 기꺼이 동의했다.

프리츠가 보기에 그의 집은 화려한 궁전 같았다. 그리고 이 부자의 부인은 마치 요정이라도 되는 듯이 저녁 식사를 순식간에 준비해 냈다. 다음 날 아침에도 부인은 요술을 부리듯 아침 식사를 멋지게 차려 냈다. 프리츠와 카를은 그들의 호의에 진심으로 감사하고 길을 나섰다.

이번에는 무개차를 얻어탔는데 운전자는 어제의 운전자와는 정반대 타입이었다. 하지만 그보다 덜 친절한 것은 아니었다. 그는 그들의 고향 집에서 가까운 곳에 살고 있었는데, 친절하게도 길을 돌아서 그들을 집 앞까지 태워다 주었다.

프리츠는 밤 11시에 집에 도착했다. 그의 부모님은 아들이 아직 돌아오지 않았으므로 걱정이 되어 자지 않고 기다리고 있었다. 프리츠가 약속한 14일이 끝나는 날이었기 때문이다.

다음 날 아침 프리츠는 부모님께 여행에 대해 간략하게 설명하고 나서 공부에 열중했다. 개학을 며칠 앞두고 카트린이 영국에서 돌아왔을 때 프리츠는 계획한 공부를 어느 정도 마칠 수 있었다. 오랜만에 만난 두 사람은 에스파냐와 영국에서의 여행 이야기를 나누었다. 그러고 나서 다시 공부!

"험난한 나의 삶!"

프리츠가 까닭 모를 신세 한탄을 했다. 졸업 시험 때문만은 아닌 것 같았다. 카트린은 프리츠가 공부할 때 옆에서 도와주었고 그가 마무리를 잘하도록 격려도 해 주었다. 그들이 벼락공부를 했다고 오해하지 말길! 마침내 졸업 시험을 치렀다(프리츠는 이번에 전혀 커닝하지 않았다. 대학에서 치르는 시험에서 발생할 수 있는 커닝들이 고등학교 졸업 시험에서는 불가능하다).

시험 다음 날은 학교를 쉰다. 그래서 프리츠와 카트린은 이 아름다운 봄날에 자전거 하이킹을 떠나기로 마음먹었다. 그들은 들꽃으로 가득한 들판에서 소풍을 즐겼다. 도시락을 먹은 후 잔디에 누워 몸을 쭉 폈다. 프리츠는 쓸데없이 뒹구는 타입이 아니다. 그는 자그마한 돌을 집어 던지기 시작했다. 그러다가 카트린과 누가 더 멀리 던지는지 내기를 했다. 프리츠는 근육을 이용하여 던지기를 하고, 카트린은 힘보다는 머리를 썼다.

카트린은 어떤 각도로 돌을 던졌을까요?

모험 16

사소한 다툼

프리츠는 어렸을 때 '모노폴리'와 '화내지 마' 게임을 자주 했는데 커서도 이런 게임의 재미에서 벗어나지 못했다. 프리츠는 나중에 무슨 일 때문이었는지조차 생각이 안 날 정도로 아무 일도 아닌 것을 가지고 카트린과 다투게 되었다. 별일 아닌 일로 말이 오가다 점점 거칠어지더니 진짜 싸움으로 번져 서로를 실눈으로 쏘아보았다. 프리츠는 카트린처럼 멍청한 애는 처음 본다고 생각했는데 그만 카트린에게 '멍청한 소' 같다고 말해 버리고 말았다. 그러자 카트린이 눈물을 보였다. 프리츠는 아차 싶었지만 변명하기엔 자존심이 너무 강했다.

프리츠는 그녀로부터 등을 돌려 걸어오면서 자신이 옳다고 생각했다. 그러나 시간이 흐르면서 마음이 무거워지고 카트린에게 사과해야겠다는 생각이 들었다. 프리츠는 점점 우울해져서 안절부절못하게 되었다. 카트린이 어쩌고 있는지 궁금해서 주위를 둘러보았지만 넓은 잔디밭 어디에도 그녀의 모습은 보이지 않았다. 그런데 프리츠로부터 150m 떨어진 곳에서 약 200m 폭의 기다란 밭이 시작되었다. 그는 밭 가장자리 바로 반대편에서 희미한 작은 점을 발견했다. 하지만 손짓을 할 만한 용기가 나지 않았다. 작은 점이 밭 가장자리에서 계속 왼쪽으로 이동하는데 프리츠는 50m는 족히 떨어진 곳에서 슬픈 표정을 하고 앉아 있었다. 그러다 더는 참을 수 없어 그 점을 향해 직선으로 달려갔다. 잔디에서와는 달리 질퍽한 밭에서 달리는 것이 두 배는 더 어렵다는 사실을 생각할 겨를도 없었다. 발은 밭에 푹푹 빠지고 신발은 납처럼 무거워졌다. 지금 프리츠는 어느 길이 가장 빠른지를 생각하고 따질 만한 여유가 없었다.

하지만 여러분은 이 같은 상황에서 가장 이상적인 길이 어떤 것인지 생각해 보세요.

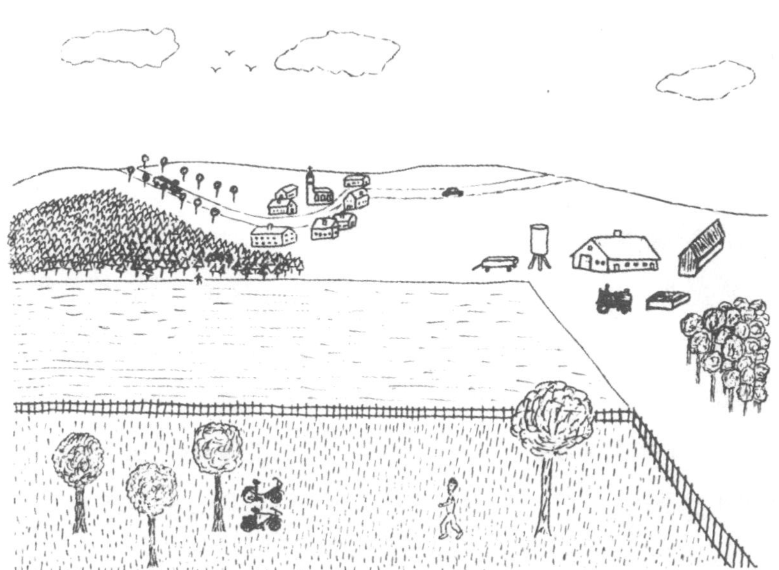

모험 17

삼촌의 농가에서

프리츠는 지금껏 이렇게 빨리 달려 본 적이 없었다. 숨을 헐떡이며 카트린에게 다가가 미안하다고 중얼거렸다. 프리츠는 눈물을 글썽거리며 카트린을 쓰다듬었다. 카트린의 마음이 풀리고 두 사람은 싸웠던 일을 금세 잊었다. 그리고 편안한 기분으로 그들이 싸웠던 장소로 되돌아왔다. 이번에는 빠른 길을 선택할 필요가 전혀 없었다. 그들은 다정한 사랑의 대화를 나누며 걸었다. 잔디밭에서 유유히 풀을 뜯으며 기분 나쁘게 쳐다보는 소를 보면서도 카트린은 프리츠가 자신에게 했던 말을 기억하지 못할 정도였다.

돌아오는 길에 프리츠는 하인리히 삼촌과 레니 숙모가 근처 농가에서 산다는 사실을 떠올렸고, 거기 가면 빵과 커피를 얻어먹을 수 있을 것이라고 생각했다. 생각나면 행동으로! 삼촌과 숙모는 귀한 손님들을 따뜻하게 맞아 주었다. 삼촌은 저녁에도 일을 해야 할 만큼 바쁜 것 같았다. 삼촌은 인근의 지름 100m 되는 둥근 호수에서 농가까지 송수관을 이으려고 했다. 식수는 우물에서 얻고 작은 송수관으로는 논밭에 물을 대려는 것이었다. 우물물로는 농업용수로 충분하지 않다고 한다. 착한 삼촌은 많은 콘크리트 판을 옮겨 놓았다. 이것으로 횡단면이 V자 모양의 송수관을 만들려는 것이다. 송수관 청소를 쉽게 하려면 2개의 옆판의 각도는 최소한 직각이 되어야 한다고 했다.

"좀 더 커도 되나요?"

프리츠가 물었다.

삼촌은 물론 송수관의 횡단면이 가능한 한 크기를 원했다. 그런데 70cm 폭의 두 콘크리트 판을 어떤 각도로 세워야 할지 아직 분명하지 않았다. 또 어떤 노선을 따라 그 관을 놓아야 할지 고민 중이었다. 300m 길이로 단단한 직선의 모랫길을 따라서는 벌써 예전에 상당히 커다란 구멍이 패어 있었다. 그 안에 돌판을 넣기만 하면 된다. 이 길 끝에서 호수까지는 직각이다. 그 옆의 600m 길이의 잔디길 위에 있는 구멍도 파내야 할 것이다. 아니면 농가에서 곧바로 잔디밭 위로 송수관을 놓는 것이 더 나을까? 그러면 땅 파는 작업을 해야 하는 길이가 좀 더 짧아질 것이다. 아니면 어느 중간 지점으로 조절해야 할까? 즉, 어느 정도는 길을 이용하고 나머지는 잔디밭을 이용하면 되지 않을까?

삼촌은 여러 가지 가능성을 떠올리며 어떤 방법이 좋을지 물어 왔다. 프리츠는 여러모로 생각해 보고는 잔디밭 위로 놓는 송수관은 비용이 얼마나 들며, 길 옆으로는 얼마나 드는지 물어보았다.

"내가 깜박 잊었구나. 잔디밭 위로는 1m당 4마르크가 들고, 길 옆으로는 그 절반이면 된다."

여러분은 프리츠가 이 문제를 놓고 삼촌에게 어떤 최상의 충고를 해 줄 수 있을 거라고 생각하나요?

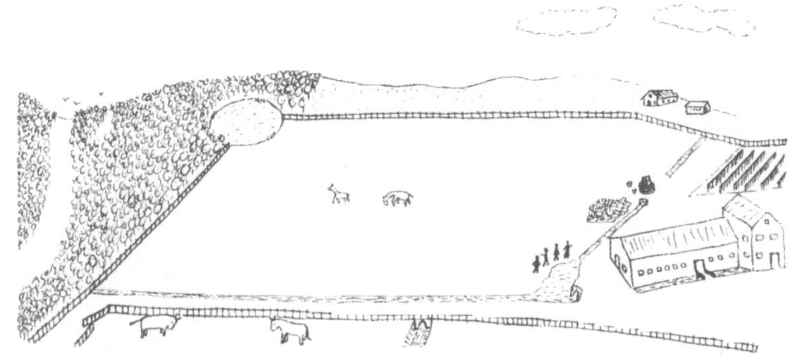

모험 18

내기 수영

프리츠와 카트린은 이 문제에 대해 골똘히 생각한 뒤 삼촌에게 충고를 해 주었다. 그들의 충고가 정말 도움이 될지는 설계 회사도 모를 일이다. 하지만 최상의 것을 희망하는 것이 좋지 않은가! 삼촌과 숙모는 두 사람의 제안에 고맙다는 말을 여러 번 하면서 언제라도 다시 들르라고 덧붙였다. 두 사람은 자전거를 타고 집으로 향했다.

다음 몇 주간은 구두 시험에 대비해 열심히 공부해야 한다. 시간이 흐르면서 필기 시험 점수가 조금씩 새어 나오기 시작했다. 프리츠의 얼굴은 전보다 더 환해졌다.

"상황은 예기치 않게 변하거든!"

프리츠는 5월의 어느 아름다운 날, 쉬는 시간에 카트린에게 자기의 들뜬 마음을 드러냈다. 자신의 점수가 놀랍게 향상된 것만이 아니라 프리츠는 또 다른 발전을 염두에 두고 하는 말이었다. 카를이 합세하여 세 사람은 잡담을 나누었다.

프리츠는 하인리히 삼촌이 물을 끌어올 아름다운 호수에 대해서도 이야기했다. 호수가 숲으로 에워싸여 있다고 말하자 카를은 귀가 솔깃해져서 오늘 오후에 함께 가 보자고 제안했다. 카트린은 이미 친구 수지하고 약속이 있었으므로 프리츠만 합류하기로 했다. 학교가 끝나자 카를과 프리츠는 곧바로 집에 전화하여 오늘은 점심보다 더 중요한 일이 있으니 기다리지 말라고 했다. 그리고 게임실에 들러 게임을 즐기다가 오후 4시경에 호수에 도착했다. 그들은 재빨리 물속에 뛰어들어 자맥질을 하다가 잔디에 누워서 쉬었다. 풀줄기를 입에 물고 씹으며 지난 에스파냐 여행을 회상했다. 프리츠는 카트린과 싸웠던 일에 대해 이야기하며 자신이 얼마나 어리석게 행동했는지 덧붙였다. 카를도 그의 행동이 어리석었다는 것에 동의했다. 카를은 프리츠에게 지는 연습을 해 보라는 좋은 충고를 해 주었다. (여러분도 프리츠가 멋진 패자가 되지 못하고 그 후 발생한 우스꽝스러운 장면들을 기억하는지?) 멋지게 지는 연습이 쉽지 않다는 것에 대해서는 프리츠도 같은 생각이다.

"이리 와 봐. 내가 네게 과외를 해 줄게. 우리 중 누가 먼저 이 호수를 헤엄쳐 건널 수 있는지 보자!"

이 충고는 정말 부적당했다. 왜냐하면 카를은 프리츠보다 1.5배나 빨리 헤엄칠 수 있기 때문이다. 프리츠는 이러한 방식으로는 자신이 분명하게 질 거라는 사실을 파악하지 못했다. 두 사람은 함께 물로 뛰어들었다. 카를은 민첩하게 정확히 둥근 원과 같은 호수의 중심을 가로질러 가고 프리츠는 중심에서 약간 옆으로 지나갔다. 카를과 같은 시간에 강 저편에 닿으려면 이런 방식으로 거리를 좀 짧게 줄여야 했기 때문이다.

그러면 프리츠는 카를이 가는 방향에서 어느 정도 비껴 가야 할까요?

모험 19

자우얼란트 여행

그들은 정말 같은 시간에 강 저편에 도달한 것처럼 보였다. 그런데 막판에 불쌍한 프리츠가 물을 먹어 숨을 헐떡거리면서 소중한 몇 초를 지체하는 바람에 그 얄미운 경기에서 지게 되었다. 그러나 이번에는 지는 것이 프리츠에게 아무런 감정도 불러일으키지 않았다. 카를은 자기의 과외가 이토록 빨리 효과를 발휘하는 것에 대해 자랑스러워했다.

그들은 강가에서 고운 모래로 탑과 다리, 다락방, 첨탑이 있는 아름다운 성을 만들었다. 해가 지고 나서도 한참 만에야 그들은 집으로 돌아가야 한다는 생각이 들었다. 늦은 시간, 피곤에 지쳤지만 두 사람은 행복한 마음으로 집으로 향했다.

10일 후 구두 시험이 시작되었다. 그리고 그 이틀 후에 카를, 프리츠, 카트린의 집에서는 축하 샴페인 터뜨리는 소리가 요란했다. 무엇보다 프리츠 가족의 기쁨은 특별했다. 프리츠는 5,000마르크를 약속함으로써 자기가 공부하는 데 동기 부여를 해 주었던 사랑하는 아버지께 감사했다. 그러나 약속을 까맣게 잊어버렸던 아버지는 프리츠의 말에 갑자기 얼굴이 창백해졌다. 그는 생각할 여유를 갖기 위해 텔레비전을 켰는데, 마침 일기 예보에서 며칠간 길고도 지속적인 고기압이 나타날 것이라고 했다. 카트린과 여행을 계획했던 프리츠는 약간 불안한 마음으로 카트린을 찾아갔다. 그들은 오늘 밤 텐트와 침낭, 세면도구, 간단한 음식을 준비해 두었다가 내일 자전거로 가까운 지역을 여행하기로 했던 것이다.

다음 날 아침 태양은 밝게 비치고 일기 예보대로 768토르 기압에 모든 것이 정상이었다. 프리츠와 카트린은 자우얼란트를 향해 출발했다. 점심때 도착한 작은 마을은 지도에서 보면 수면보다 200m 높은 곳에 자리 잡고 있었다. 쉬지 않고 달려왔기 때문에 휴식이 필요한 그들은 작은 야외 커피숍에 앉아 아이스크림을 먹었다. 그러고 나서 아름다운 마을을 둘러보고 오래된 목조 건물들을 감상했다. 그중 한 건물에 현대식 시설의 약국이 있었는데 밖에 기압계가 걸려 있었다. 그런데 햇볕 따스한 이런 날에 단지 750토르라니 믿을 수 없었다. 두 사람은 기압계의 엉뚱한 숫자를 비웃고는 자전거 페달을 열심히 밟으며 언덕을 올라갔다.

어느 작은 마을에 도착했을 때 그들은 완전히 녹초가 되어 우물가에 주저앉았다. 이곳 약국에 걸려 있는 기압계는 얼마를 가리킬까? 732토르! 아이슬란드와 같은 수준이 아닌가! 날씨의 변화도 느끼지 못하겠는데. 그때 프리츠가 이마를 치며 외쳤다.

"맞아! 지나오면서 본 기압계를 우리는 잘못 판단한 거야!"

"그래, 우리가 높은 지역을 빙빙 돌았기 때문에 그런 거야. 분명히 함부르크의 두 약제사가 자우얼란트로 이사 오면서 거기서 사용하던 기압계를 가져와 매달았을 거야."

카트린이 응수했다. 프리츠의 머리에 불이 켜졌다. 지금 두 사람이 숨 쉬고 있는 곳의 고도가 얼마인지 알기만 한다면 프리츠는 곧장 약국으로 달려가 이 마을에 맞는 기압계를 제안했을 것이다.

여러분은 아시나요?

모험 20

저녁의 낭만

프리츠와 카트린은 기압계에 선명히 표시된 것을 바라보았다. 그것은 기압을 가리키는 것으로 수면 토르는 한 단계 더 낮게 보아야 한다. 바늘은 768토르를 가리키고 있었다. 약국 주인들이 함부르크에서 이주해 온 것이 아닌 것 같았다. 두 방랑자는 구멍가게에서 오늘 저녁과 내일 아침에 먹을 것을 사 들고 그림처럼 아름다운 마을을 떠났다. 도로는 대부분 여전히 오르막길이었다. 오늘은 충분히 달렸다고 생각한 두 사람은 텐트를 칠 만한 곳을 찾았다. 지도를 보면 부근에 캠핑 장소가 없는 것이 분명했다. 그래서 숲 속에서 가장 아름다운 장소를 찾아 거기서 밤을 보내기로 마음먹었다.

장소를 물색하는 데는 시간이 좀 걸렸다. 만족스러운 장소가 쉽게 나타나지 않았다. 한참 만에 마음에 꼭 드는 장소를 발견했는데, 광고 영화에 어울릴 법한 멋진 곳이었다. 커다란 소나무로 둘러싸인 데다 들꽃이 만발한 잔디밭 옆으로는 거울처럼 맑은 시내가 흘렀다. 시내는 약간 아래쪽에 있는 진초록으로 빛나는 작은 호수로 흘러들었다. 호수에는 또 다른 시내들이 흘러들었다. 얼마나 멋진 풍경인가!

땀을 뻘뻘 흘리며 자전거를 타고 온 두 사람은 먼저 진초록빛의 맑은 호수에서 헤엄을 친 후 텐트를 칠 것인지를 두고 고민했다. 힘든 하루였으므로 텐트를 치느라고 또다시 씨름하고 싶지 않았다. 그래서 일기 예보를 믿고 야영하기로 결정했다. 다음은 저녁 준비. 프리츠는 여자 친구에게 여행에서의 식사는 자기에게 맡기라고 큰소리를 쳤으므로 오늘 저녁 메뉴로 특별한 것을 준비했다. 스파게티에 케첩! 긴 여행길에 배가 몹시 고팠던 터라 음식은 일류 요리사가 만든 것처럼 맛있었다. 식사 후 카트린이 배낭에서 꺼낸 초콜릿을 맛있게 먹고 두 사람은 마주 보며 행복해했다. 벌써 태양은 가라앉고 달이 떠올랐다. 프리츠는 작은 달력을 꺼내 보고는 오늘 밤이 정확히 반달과 보름달 사이에 있음을 알았다. 그렇다면 두 사람은 3/4 크기의 달을 맞고 있는 것이다. 보름달 못지않은 낭만적인 분위기가 주변을 은은히 감싸 주었다.

3/4 크기의 달은 실제로는 달의 면적의 3/4보다 더 커 보이지요. 그러면 정확히 얼마나 더 많은 빛을 내쏠까요? 그리고 면적이 얼마나 더 커 보일까요?

모험 21

양귀비 호숫가에서의 피크닉

낭만적인 분위기에 휩싸인 밤, 고단한 하루를 보낸 두 사람의 눈이 어느 순간 스르르 감겼다. 그리고 새소리에 깨어 보니 아침이었다. 그들은 정신을 차리기 위해 숲 속 호수로 내려가 차가운 호숫물에 몸을 담갔다. 그러고 나서 프리츠는 커피와 여러 가지 곡식알을 눌러 만든 뮤즐리를 준비했다. 아침 식사를 한 후 그들은 햇볕을 좀 더 즐기다 가기로 했다. 그런데 어느새 오후 4시가 되어 버렸고, 이렇게 멋진 장소를 떠나기가 아쉬워 이곳에서 하루 더 머물고 내일 떠나기로 했다. 그날은 수영을 하고 햇볕을 쬐면서 보냈다. 저녁에 숲 속을 오랫동안 산책하고 나서 프리츠는 다시 요리를 시작했다. 이번에는 케첩에 스파게티! 카트린이 내일은 단순한 요리에서 벗어나 마을에 내려가 제대로 된 음식을 먹어야겠다고 말할 때에도 프리츠는 자신의 요리 솜씨가 무시당했다고 느끼지 못했다.

그들은 보름달처럼 환한 달빛 아래 앉아 마주 보고 식사를 하며 여름 방학 때 놀러 갈 곳을 물색했다. 프리츠는 코르시카에 가고 싶어 했지만 카트린은 그리스에 가고 싶어 했다. 그래서 중간 지점인 이탈리아로 가기로 합의했다. 두 사람의 마음과 영혼은 하나로 묶인 듯했다. 다음 날 아침에도 호수에서 물장구를 치며 놀다가 커피와 뮤즐리로 아침 식사를 하고 길을 나섰다. 도중에 초콜릿 등 간식거리를 샀다. 먹을 것이 없다면 밤의 성찬이 문제 되지 않겠는가!

어느덧 양귀비 호수 발치에 도착한 두 사람은 가파르게 경사진 길을 달려 내려갔다. 호수 바로 옆의, 테라스가 있는 커피숍이 그들을 유혹했다. 생크림에 과일 케이크를 먹고 난 후 보트를 빌려 호수를 둘러보았다. 그리고 다시 자전거를 타고 새로운 모험을 위해 출발했다. 첫 번째는 수력 발전소(물론 외부만 둘러보는 것이다)와 골짜기의 댐을 관망하는 것이었다. 이 외에도 다른 프로그램들이 준비되어 있었다. 발전소에서 뻗어 나온 고압선들이 그들이 가는 길에 늘어서 있었다. 낭만적인 분위기는 아니지만 흥미로웠다. 프리츠는 약 200m 간격으로 떨어져 있는 두 전주 사이에 얼마나 많은 선이 걸려 있는지 궁금해졌다. 그는 전주의 높이가 약 20m라고 짐작했다. 그렇다면 고압선은 200m보다 상당히 더 길어야 할 것이다.

얼마나 되어야 할까요?

모험 22

자전거 바퀴의 얼룩

프리츠와 카트린은 오랫동안 전주를 쳐다보았다. 그러다가 문득 하늘에 약간의 변화가 일어나고 있음을 감지했다. 먹구름은 아니지만 구름이 퍼지기 시작했던 것이다. 비가 오려나? 비가 내릴 것에 대비해 오늘 밤은 텐트를 치기로 했다. 그들은 마을에서 멀지 않은 곳에서 멋진 캠핑 장소를 발견했다. 어제 머물렀던 곳처럼 낭만적이지는 않지만 풍경이 좋고 무엇보다 사람이 많지 않아 마음에 들었다. 두 사람은 장소를 빌려 텐트를 친 뒤 짐을 넣어 두고 마을로 내려갔다.

예쁘게 장식한 집의 문 위에 걸린 사슴뿔은 이 집이 식당을 겸한 여관임을 알려 주었다. 그들은 밖에 걸린 메뉴를 살펴보고 안으로 들어가 샐러드와 감자튀김, 닭요리를 주문했다. 후식으로는 맛있는 푸딩이 나왔다. 식사 후 그들은 간단히 쇼핑을 하고 텐트로 돌아왔다. 벌써 굵은 빗방울이 떨어지기 시작했다. 텐트 안으로 들어가 지퍼를 닫자 우르릉 쾅, 천둥이 쳤다. 그들은 조금 불안했지만 어느새 천둥 소리가 사라졌다.

다음 날 아침 하늘에 구름이 끼여 있었지만 비는 더 오지 않았다. 캠핑 장소 대여비를 치르고 두 사람은 다시 자전거에 몸을 싣고 집을 향해 힘차게 페달을 밟았다. 날씨는 별다른 변화가 없고 그들은 여전히 기분이 좋았다. 두 사람은 나란히 갔다. 그때 프리츠의 눈에 카트린의 자전거 앞바퀴 덮개 위에 있는 작은 하얀 점이 들어왔다. 아마 카트린이 자전거를 새로 칠하면서 페인트를 조금 흘린 모양이었다. 자전거 바퀴가 돌아가는 것과 함께 작은 얼룩이 올라갔다 내려갔다 질주를 하고 있었다. 카트린의 자전거 속도계가 나타내는 것보다 얼룩은 훨씬 빨리 움직였다.

얼룩의 평균 속도가 얼마나 더 빠를까요?

모험 23

프리츠의 생일 파티

빗방울 때문에 조금 짜증스럽기도 했지만 비가 곧 그치고 두 사람은 집을 향해 부지런히 달렸다. 쉬지 않고 달렸건만 집에 도착했을 때는 이미 어두워졌고, 두 사람은 완전히 파김치가 되었다.

다음 며칠간은 정말 평화롭게 지나갔다. 프리츠와 카트린은 가끔 그들이 다니게 될 대학이 있는 뮌스터로 가서 이곳저곳 둘러보곤 했다. 곧 등록 기간이 공고될 텐데 정확한 날짜가 궁금해지기도 했다. 그들은 옛 성과 연구소들을 구경하고 학교 식당에서 점심을 먹기도 했다. 무엇보다 새 학기에 지내게 될 방을 찾아보는 것이 중요했다. 카트린은 재빠르게 기숙사를 구했고, 프리츠는 매우 친절한 노부인 집의, 고풍스러운 가구가 딸린 방을 구했다. 그들은 다시 집으로 돌아왔다. 곧 쾌청한 날씨가 시작되리라는 일기 예보가 전해졌다.

날씨가 좋아지자 프리츠와 카트린은 삼촌네 집 옆에 있는 호수에서 고무보트를 즐겨 탔다. 한여름이 되어 호수에 사람들이 몰려들자 물이 조금 탁해져서 수영할 기분이 싹 가셔 버렸다.

"선탠오일이 호수로 너무 많이 흘러드는 것 같아……."

프리츠는 이 물로 논밭을 경작하는 삼촌 하인리히를 생각하며 조금 염려스러운 표정을 지었다. 그들은 잠깐 삼촌네 집에 들렀다가 돌아왔다.

카트린은 프리츠와 헤어지자마자 서둘러 집으로 향했다. 내일은 프리츠의 생일이다. 카트린은 멋진 초콜릿 케이크를 만들 계획이었다. 그녀가 만든 케이크는 대성공이었다. 동그랗고 예쁜 데다 높이가 일정한 케이크는 제과점에서 파는 것과 다를 것이 없었다.

다음 날 카트린은 멋진 케이크를 가지고 프리츠를 찾아가 특별히 애정 어린 입맞춤으로 생일 축하 인사를 했다. 프리츠는 이 특별한 인사와 카트린이 직접 만든 케이크에 매우 감동한 듯했다. 그들은 집을 깨끗이 치우고 탁자, 의자, 컵과 접시, 케이크 등을 정원으로 옮겼다. 이렇게 좋은 여름날에는 정원에서의 파티가 최고다.

오후 4시경에 첫 손님의 등장을 시작으로 곧 떼로 몰려와 커피와 케이크를 먹어 치웠다. 카트린이 만든 케이크는 순식간에 절반 정도가 없어졌다. 프리츠는 늦게나마 이 멋진 작품을 사람들에게 구경시키려고 했다. 우리의 용감한 프리츠는 매우 가벼운 쟁반 위에 반쪽만 남은 케이크를 올려놓고 손가락 하나로 중심을 잡으며 여기저기 선보였다. 그러나 중심을 잘못 잡았는지 케이크가 쓰러질 뻔했다. 카트린이 재빨리 잡지 않았다면 바닥으로 떨어졌을 것이다.

프리츠의 손가락이 어떤 위치에 놓였어야 할까요?

모험 24

저녁에 먹는 멜론

프리츠가 서커스 무대에 서려면 연습을 더 해야 한다는 데 모두들 동의했다. 맛있는 케이크가 땅에 떨어져 개미 먹이가 된다면 너무 아깝지 않은가! 멋진 케이크는 다시 본래의 자리에 놓였고 5분 후에 부스러기도 없이 사라졌다. 다른 음식도 마찬가지였다. 프리츠와 손님들이 먹어 치운 것이다. 이제 모두들 배가 부르고 노곤해졌다.

이때 카를이 '라우렌티아' 게임을 하자고 제안했다. 대부분 이 멋진 게임을 알지 못했으므로 그들은 어떤 악의도 짐작하지 못했다. 만약 알았다면 더운 여름날 빵빵한 배로 그 같은 게임을 하는 것은 적합하지 않다는 것을 알아채고 배가 꺼지기까지 두 시간은 기다려 달라고 했을 것이다. 벌써 '수요일'에 몇 사람은 게임을 포기하려고 했다. 그러나 카를은 냉정했다. 모두들 얼른 '일요일'이 되기를 바랐다. 마침내 과정이 모두 끝나자 다들 지쳐서 잔디에 드러누웠다.

그들은 지친 터라 몸은 움직이지 않고 머리만 좀 쓰면서 시간을 보낼 만한 게임이 없을까 생각했다. 카트린이 '라푼첼' 게임을 제안했고 수지는 게임에서 조역을 맡았다. 프리츠가 게임의 요령을 알아채지 못하자 모두 달려들어 헹가래를 쳤다. 프리츠는 자신이 당한 것을 만회하기 위해 '짐 싸' 게임을 하자고 제안했다. 이번에는 카트린이 가방 속에 무엇을 넣고 무엇을 넣지 않아야 하는지 몰라서 프리츠가 신 나게 웃었다. 즐겁고 유쾌한 시간이 그렇게 흘러갔다.

이제 태양이 점점 깊이 가라앉았다. 그들은 다시 배가 고파졌고 빵과 치즈, 소시지, 멜론이 식탁에 차려졌다. 프리츠가 먼저 멜론 중에서 가장 맛있고 큰 것을 선택할 수 있었다. 그는 노랗게 잘 익은 멜론 2개를 두고 망설였다. 2개 모두 길이로는 타원형이고 횡단으로는 둥글다. 하나는 10cm 길이에 횡단 지름이 6cm이고, 다른 하나는 8cm 길이에 횡단 지름이 7cm로 꽉 차 있었다. 프리츠는 양이 많은 멜론을 골라 카트린에게 선물하고 싶었다.

그러면 두 멜론 중 어느 것을 선택해야 할까요?

모험 25

프리츠의 원대한 계획

프리츠는 길쭉한 멜론을 선택했는데, 순간 카트린이 왜 샐쭉해졌는지 이해하지 못했다. 파티를 준비하고 치르면서 고단해진 카트린은 달콤한 멜론에 입맛이 당겨 양이 많은 것을 원했다. '좋아, 원하는 걸 모두 가질 수는 없지.'라고 생각하며 카트린은 프리츠가 주는 멜론을 기쁘게 받았다. 모두들 멜론의 달콤한 맛을 즐겼다.

이후 저녁 시간에도 오락을 하다가 조금씩 지루해지기 시작하자 몇 명은 작별 인사를 하고 돌아갔다. 이때 카트린이 지난 방학 때 에스파냐에서 찍은 디아 필름을 함께 보자고 제안했다. 그동안 졸업시험 때문에 필름을 공개할 기회가 없었던 것이다. 모두들 오늘 저녁의 첫 공개를 기대하는 눈치였으므로 카를은 필름을 가지러 집 안으로 뛰어 들어갔다. 그사이에 프리츠는 필요한 기계와 화면을 준비했다.

아름다운 영상이 나타나자 감탄사가 터져 나왔다. 무엇보다도 일몰의 영상에 모두들 열광했다. 이 영상들은 먼 나라에 대한 동경을 불러일으키기에 충분했다. 필름을 다 보고 나서 그때까지 남아 있던 몇몇 사람은 촛불 옆에서 포도주를 마시며 회상에 젖거나 새로운 일들을 계획했다. 프리츠가 오늘 동생에게 생일 선물로 받은 멋진 지구본을 가져왔다. 모두들 둘러앉아 설레는 마음으로 여행을 계획했다. 꼬마였을 때부터 아프리카에 가고 싶었던 프리츠는 동경의 눈으로 아프리카 쪽을 바라보았다. 하지만 카를에게는 남해의 섬들이 더 매력적이었다. 카트린은 여기저기 눈으로 좇으면서 그 지역 주민들이 처해 있는 어려운 상황들을 생각했다. 카트린은 내 나라 문제가 아니라고 해서 인류가 함께 살고 있는 지구 건너편의 문제를 모른 체할 수는 없다고 단호하게 말했다. 모두들 그녀의 말에 조용히 생각하는 분위기가 되었다. 그러다가 그들은 다시 지구본을 손에 들고 바라보며, 열대가 이제까지 짐작했던 것보다 훨씬 더 길게 섬과 바다를 포함하고 있다는 사실을 알아차렸다. 또한 프리츠는 여태껏 북쪽과 남쪽 회귀선 사이에 있는 지구 표면인 열대선이 이렇게 큰 줄 몰랐다. 왜냐하면 모든 위도의 족히 1/4에는 언젠가 한 번 태양이 정점에 위치하기 때문이었다. 그래서 그렇게 많은 지구 표면이 열대에 속한다고는 생각하지 못했던 것이다.

여러분은 프리츠의 의견을 어떻게 생각하나요?

모험 26

모든 것이 달라지다

그들은 여러 가지 계획을 구상했다. 가장 가까운 시기의 계획은 프리츠와 카트린이 함께 이탈리아 여행을 떠나는 것이었다. 거기서 두 사람은 라오콘 조각 등을 감상하고 고대 문화를 체험할 계획이었다. 이탈리아라는 나라와 그 나라 사람들을 만나고, 또 그 나라의 뜨거운 태양 아래서 피부를 멋진 갈색으로 태우고 싶었다. 프리츠는 이탈리아 여행을 생각할 때마다 마음이 설레었다.

그는 이탈리아로 떠날 날을 손꼽아 기다리게 되었다. 그때까지는 아직 많이 남았지만 그날을 앞당기고 싶지는 않았다. 왜냐하면 예전과는 달리 독일 날씨도 화창하여 이곳의 여름날을 먼저 만끽하고 싶었고, 또 사람들이 몰리는 휴가철에 명화로 유명한 피렌체의 우피치 미술관에서 사람들에게 치이고 싶지 않았기 때문이었다. 그래서 8월 말까지 기다리며 그때까지 여기서 좋은 시간을 보낼 생각이었다.

그런데 이상하게 카트린과 함께하는 시간이 점점 줄어들었다. 카트린이 시간이 없거나, 아니면 다른 이유로 그녀는 프리츠와 함께할 수 없었다. 프리츠가 들뜬 기분으로 카트린을 찾아가면 그녀는 언제나 다른 생각에 빠져 있는 것 같았다. 한번은 프리츠가 카트린에게 달라진 것 같다면서 무슨 일이 있느냐고 물어보았다. 그러나 카트린 자신도 알 수 없다면서 대답을 회피했다. 그녀는 점점 더 불편해했다. 그녀도 자신의 감정을 이해할 수 없었다. 프리츠처럼 착한 애한

테 아픔을 주고 싶지 않았다. 그래서 '모든 게 다시 좋아지겠지.' 하고 생각했다. 하지만 그렇지가 않았다.

그러다가 어느 흐린 날, 카트린은 어쩔 줄 몰라 하는 프리츠에게 자신의 생각을 말해야만 했다. 프리츠의 뺨에 눈물이 흘러내렸다. 카트린도 애써 눈물을 삼켰다. 그녀도 그것을 원치 않았지만 어쩔 수 없었다.

"무엇 때문이야?"

풀이 죽은 프리츠가 거듭 물었지만, 카트린도 그에 대한 대답을 알 수 없었다. 그녀는 당분간 혼자서 세상을 경험해 보고 자신과 자기 감정에 대해 분명히 알고 나서 다시 이야기하자고 제안했다. 프리츠에게는 그녀의 이성적인 제안에 동의하는 것 외에 다른 선택의 여지가 없었다.

착잡한 마음으로 카트린과 헤어져 돌아올 때 그의 발걸음은 납덩이를 매단 것처럼 무거웠다. 다행히 카를이 집에 와 있었고 그는 인내심을 가지고 프리츠의 이야기를 들어 주었다. 그리고 믿음직한 카를은 말로만이 아니라 행동으로 프리츠를 도왔다. 프리츠에게 자전거 여행을 떠나자고 제안한 것이다. 프리츠는 고마운 친구의 제안을 받아들였다.

다음 날 아침, 날씨가 흐렸지만 프리츠와 카를은 토이토부르거 숲을 향해 페달을 밟았다. 힘들게 산을 올라가지만 내려올 때의 기분은 이를 만회하고도 남을 것이다. 잘 닦인 도로는 균일하게, 거의 끝없이 뻗어 계곡으로 경사져 있었다. 교통 표지판에 9% 경사라고 적혀 있었다. 두 사람은 잠깐 멈추어 서서 내려갈 길을 바라보았다. 그리고 페달을 밟지 않은 채 내려왔다. 프리츠의 속도계는 마침내 50km/h에서 진동하고 있었다. 그러나 40km/h에서부터 그는 두려워지기 시작했다(단지 카를에게 지기 싫어서 브레이크를 잡지 않았던 것이다). 그때부터 프리츠는 활강을 즐길 수가 없었다.

프리츠는 얼마나 오랫동안 두려움에 떨며 산을 내려왔을까요?

모험 27

어린이 놀이터는 치료의 쉼터

마침내 긴 활강이 끝났다. 프리츠는 숨을 깊이 들이쉬었다. 그는 완전히 땀에 젖어 있었다. 내려오면서 두려움을 느낀 탓도 있지만 그동안 태양이 구름을 몰아냈기 때문이었다. 오늘은 그림책에 나오는 멋진 여름날이 될 것이라고 암시하는 것 같았다. 프리츠와 카를은 두꺼운 스웨터를 벗었다. 그리고 피크닉에 좋은 장소를 찾다가 들꽃이 만발한 잔디밭을 발견했다. 근처에는 작은 시내가 흐르고 있었다.

"카트린과 함께 보냈던 그때처럼 아름답구나."

프리츠가 중얼거렸다. 그러나 더는 그런 생각이 떠오르지 않도록 마음을 억눌렀다. 그러면 사라졌다가 또다시 떠올랐다.

"시간이 해결해 줄 거야. 처음엔 다 그래. 하지만 시간이 흐르면 생각나는 것도 줄어들걸. 두고 봐!"

카를이 위로했다.

그들은 도중에 음식을 거의 다 먹어 치웠기 때문에 가게 문이 닫히기 전에 쇼핑을 해야 했다. 그들은 가까운 마을에서 '엠마 이모네 가게'를 발견했다. 그곳에서 빵, 소시지, 우유, 치즈를 살 수 있었을 뿐 아니라 엠마 이모는 이 지역에서 구경할 만한 곳들을 알려 주었다. 그리고 비밀스런 팁 하나! 숲 속에 멋진 호수가 있다는 것이었다. 두 번째 도로에서 오른쪽으로 가서 세 번째 도로에서 왼쪽으로, 그리고 다시 오른쪽으로…….

'숲 속의 호수'라는 말에 프리츠는 카트린과 함께 보냈던 아름다운 지난 시간을 떠올렸다. 그리고 갑자기 복통을 느꼈다. 무시하기에는 상태가 좋지 않았다. 고통이 더 심해지는 것 같았다. 카를과 프리츠는 가까이 있는 놀이터로 가서 의자에 앉았다. 카를은 프리츠의 주의를 다른 데로 돌리려고 애를 썼다. 그 덕분인지 프리츠의 상태는 곧 나아졌다.

놀이터에는 2개의 그네와 정글짐이 있었다. 정글짐을 보니 '아프리카' 게임을 하던 어린 시절이 떠올랐다. 두 사람은 각각 그네에 앉았다. 약 3m 길이의 줄에 작은 널빤지가 매달려 있는 그네에 끼여앉아 발이 땅에 닿지 않도록 움츠렸다. 그러고는 그네를 타기 시작했다. 그들은 얼마간 발을 구르며 그네를 타다가 그냥 앞뒤로 흔들거리게 내버려 두었다. 카를은 조금 전 매우 힘차게 그네를 굴렀기 때문에 그의 그네는 프리츠의 것보다 더 멀리 나갔다. 그런데 그네 높이가 서로 다르게 흔들리는데도 그네가 한 번씩 왔다 갔다 하는 시간은 거의 같다는 것을 확인하고 두 사람은 깜짝 놀랐다.

여러분도 이 사실이 새삼스러운가요? 그리고 그네가 한 번 왔다 갔다 하는 데 시간이 얼마나 걸리는지 아나요?

모험 28

깊은 호수 탐험

그네를 타고 나니 프리츠는 복통이 사라지고 다시 생기가 돌았다. 그는 아픈 배가 좀 낫자 카를이 엠마 이모가 추천한 숲 속의 호수를 얼마나 가고 싶어 하는지 눈치챘다. 카트린과의 추억이 자신을 괴롭히겠지만 친구를 위해 마음을 정하고 카를에게 이제 그 멋진 호수로 떠나자고 말했다. 카를은 그의 어깨를 다독거리며 호수로 가는 길을 찾았다. 가게 주인이 두 번째 도로에서 오른쪽으로 가라고 했던가, 왼쪽으로 가라고 했던가? 그들은 한동안 헤매다가 마침내 호수를 발견했다.

호수에 대해 표현할 수 있는 말은 이것뿐이었다.

"동화 속 같아!"

두 친구는 망설일 것 없이 호수로 뛰어 들어가 물장구를 쳤다. 그러고 나서 석유램프 옆에 쪼그리고 앉아 가게에서 사 온 맛있는 음식을 꺼내 놓고 먹었다. 장작불을 지피면 더 낭만적이겠지만 산에서 불을 지피는 것은 금지되어 있었고, 그들은 그것을 어길 생각이 없었다. 카를은 피곤한지 곧장 침낭 속으로 들어갔지만 프리츠는 왠지 잠을 이룰 수 없었다. 그는 자리에서 일어나 주위를 조금 산책했다. 그리고 다시 물 속으로 뛰어들어 피곤해질 때까지 수영을 했다. 그러고 나니 눈이 절로 감겼다.

다음 날 아침, 요란한 새소리에 잠이 깨었다. 아침 수영 후 숲을 오르내리다 보니 배가 너무 고파서 가져온 음식을 모두 먹어 치웠다. 또다시 마을로 내려가 음식을 사 와야 했다. 그들은 다시 엠마 이모네 가게로 가서 쇼핑을 하고 주인에게 멋진 곳을 가르쳐 줘서 고맙다고 인사를 한 후 호수로 돌아왔다. 도중에 자전거 바퀴가 고장났지만 별거 아니었다. 호수에 도착하니 12시였다.

호수는 고요히, 끝없이, 그리고 깊게 그들 앞에 펼쳐져 있었다. 그 모습이 두 사람을 자극하여 호수의 깊이를 알아보고 싶은 욕망이 일었다. 먼저 카를이 두세 번 잠수해 보았다. 호수 중앙에서 깊이 내려가 보았지만 바닥까지는 닿지 못했다. 물은 거울처럼 맑았다. 프리츠도 곧 바닥까지 내려가 보려고 애썼다. 카를은 잠수하면서 호수 가장자리에서 둥근 모양의 예쁜 돌을 주워 왔다. 그는 프리츠에게 돌을 보여 주고 나서 호수 중앙의 수면에서 떨어뜨렸다. 1초 후에 그 돌은 프리츠의 발 높이에 도달했다. 그때 프리츠는 비스듬히 수영하고 있었기 때문에 돌이 1초에 약 1m 가라앉았을 거라고 추측했다. 그리고 그들은 10초 후에 돌이 바닥에 내려앉은 것을 감지했다.

"알았다!"

카를이 이렇게 외치자 프리츠가 소리쳤다.

"깊이는 10m야!"

여러분은 프리츠의 계산이 맞다고 생각하나요?

모험 29

카트린과 수지를 만나다

프리츠와 카를은 온종일 숲 속 호수에서 지냈다. 아름다운 이곳에서 영원히 머물고 싶은 심정이었다. 하지만 빗방울이 떨어지기 시작했다. 두 사람은 일단 호수 속으로 도망쳤지만 그곳은 오랫동안 머물 곳이 못 되었다. 그래서 짐을 꾸려 자전거에 올라탔다. 그들은 엠마 이모네 가게에 들렀다가 놀이터로 가서 긴 의자에 앉아 치즈를 넣은 잡곡빵과 요구르트, 토마토를 먹었다. 그곳은 커다란 플라타너스 덕분에 어느 정도 비를 피할 수 있었다.

그때 비에 흠뻑 젖은 여자 애 둘이서 자전거를 타고 다가왔다. 그들과 비슷한 또래였다. 비를 피해 나무 아래로 들어온 여자 애들과 이야기를 나누게 되었다. 여자 애들은 카트린과 수지라고 했다. 프리츠는 심장이 멎는 듯했다. 어제까지 멀리 가 있던, 가슴을 조이던 감정이 다시 찾아온 것이다. 수지가 "카트린!" 하고 친구를 부를 때면 프리츠의 심장은 바늘로 찌르는 것 같았다. 카를은 아무렇지도 않게 카트린에게 '너' '너' 했다. 이틀 전 프리츠는 복통이 일어났을 때 이 놀이터에서 좋은 처방을 경험했다. 그네 타기! 카를도 그것을 기억하고 있었으므로 그는 이 놀이터에서 신 나게 놀아 보자고 했다.

그네는 2개뿐이었으므로 다른 놀이 기구를 찾아보았다. 의자가 8

개인 멋진 초록색 시소가 눈에 띄었다. 양쪽에 각각 4개의 의자가 1m 간격으로 놓여 있고 첫 번째 의자는 중심에서 1m, 네 번째 의자는 중심에서 4m 떨어져 있었다. 카트린은 오른쪽 두 번째 의자에, 용감한 수지는 왼쪽 세 번째 의자에 앉았다. 시소가 한쪽으로 치우치지 않도록 하기 위해 카를은 오른쪽 첫 번째 의자에 앉았다. 그러자 시소는 평형을 유지했다.

얼마 있다가 프리츠도 시소를 타고 싶어 했다. 그래서 수지는 그대로 있고, 카를은 정확히 방향만 바꾸어 왼쪽 첫 번째 의자로 가고, 카트린은 카를이 앉았던 자리에 앉았다. 프리츠가 카트린의 두 자리 뒤에 앉자 시소는 가끔 어느 방향으로 기울어야 할지 알 수 없을 만큼 흔들림이 심했다. 카트린이 제일 뒤로 가고 싶어 했다. 그녀는 수지가 앉아 있는 쪽의 마지막 의자에 앉았다. 카를은 프리츠가 있는 쪽으로 가서 프리츠 앞자리에 편안히 자리를 잡았다. 이제 시소의 균형을 잡기 위해 마지막으로 수지가 한 자리 앞으로 갔다. 그러고 나니 시소가 아주 잘 진동했다.

한참 동안 신 나게 시소를 타다가 카트린과 수지가 프리츠와 카를에게 아이스크림을 사겠다고 제안했다. 남자들도 그에 대한 답례를 하겠다고 말했지만 카트린과 수지는 '선'이니 '몸체'니 하는 기하학적인 용어들을 중얼거렸다. 이때 프리츠가 엄숙한 표정으로 말했다.

"카트린은 50kg, 수지는 55kg이니 너희 둘이 아이스크림 10개는 먹을 수 있겠다!"

프리츠는 자기 몸무게가 60kg이라는 것을 물론 알고 있었어요. 하지만 그는 초면인 여자들의 몸무게를 어떻게 알았을까요?

모험 30

옛 성에서

프리츠는 자신의 영특함에 어깨가 으쓱했다. 그러나 여자 애들도 바보는 아니었다. 이런 문제는 그들도 예전에 곧잘 풀던 것이었다. 하지만 프리츠의 기분을 맞춰 주느라 매우 놀란 척했다. 이번엔 남자 애들이 아이스크림을 사겠다고 하여 함께 먹고 나서 그들은 서로 주소를 교환하고 헤어졌다. 서로 편지를 하자는 약속은 하지 않았지만, 우체부가 편지를 엉뚱한 집으로 배달할 수도 있지 않을까?

그동안 비가 그쳤다. 프리츠와 카를은 어디로 방향을 잡을지 의견을 주고받았다. 지도와 여행 안내 책자를 꼼꼼히 살펴보고 나서 숲 속에 있는 오래된 도둑 기사의 성으로 가기로 결정했다. 거기까지 가려면 한참이 걸리므로 자전거를 타고 곧바로 출발했다. 가죽 점퍼를 입었는데도 비에 몸이 조금 젖었으므로 몸을 따뜻하게 하기 위해 페달을 힘차게 밟았다. 그러는 사이에 다시 푸른 하늘이 작은 조각으로 드러나기 시작하더니 시간이 가면서 점점 커졌다. 2시경이 되자 오전에 추위로 거의 얼어붙었던 두 사람은 이제 더위로 허덕이고 있었다. 날씨가 이렇게 변덕을 부릴 줄이야! 그들은 커다란 보리수 나무 아래 시원한 그늘에서 낮잠을 잤다. 젖었던 옷가지도 햇볕에 쉽게 말랐다.

달게 자고 일어난 프리츠는 사진 찍기에 최상의 날씨인 이런 날

고성에 가 보고 싶다고 했다. 멀리 성탑이 보였다. 그들은 성을 좀 더 자세히 보려고 목을 길게 빼고 두리번거렸다. 아주 낮은 성벽이 남아 있었다. 폐허가 된 성에 비하면 탑은 화려했다. 여행 안내 책자에는 약 12m×12m의 토대에 35m 높이라고 적혀 있었다. 입구는 정확히 동서 방향으로 나 있었다. 분명히 도둑 기사들이 그들의 인질을 가두어 놓았을 탑은 밋밋한 분위기임에도 매우 화려하게 장식되어 있었으므로 프리츠는 특별히 정성을 들여 사진을 찍었다. 이번 여행을 위해 아버지의 사진기를 가져온 그는 현상료를 걱정할 필요가 없었으므로 닥치는 대로 찍어 댔다.

프리츠는 사진기를 들고 이곳저곳 둘러보다가 탑 남서쪽 모퉁이를 기준으로 서쪽으로 40m, 남쪽으로 50m 지점에서 사진 찍기에 적합한 장소를 발견했다. 게다가 그는 성의 바닥보다 50m 높은 작은 동산에 서 있었으므로 조망이 아주 좋았다. 그러나 카메라 파인더로 탑이 제대로 잡히지 않아 애를 먹었다. 카메라 안내 책자에 모든 보조 렌즈의 개방 각도가 나와 있지만 그에게는 별 도움이 안 되었다. 왜냐하면 탑 전체를 바라보려면 어떤 각도에 있어야 하는지를 모르기 때문이었다.

여러분은 아나요?

모험 31

지붕 수리

머리가 나쁘면 손발이 고생하는 수밖에……. 프리츠는 여러 방향에서 시도해 보고 여러 각도에서 탑을 사진기에 담아 보며 매번 렌즈를 통해 다시 주시해 보았다. 마침내 대상을 제대로 포착하고는 카메라 셔터를 눌렀다. 다시 한 번 찰칵. 그러고 나서 만족스러운 기분으로 잔디밭에 누워 있는 카를에게 갔다. 이제 프리츠도 여유를 가지고 쉬고 싶었다. 그런데 갑자기 불안해져서 카를에게 앞으로의 계획을 묻고는 지도를 꺼내 집으로 가는 길을 찾아보았다. 모레는 카를에게 새로운 삶이 시작되는 날이다. 방학 동안 트럭 운전사로 직업 전선에 뛰어드는 날이기 때문이다. 그래서 집으로 돌아가는 두 사람의 마음은 가볍지가 않았다. 돌아갈 길을 정하고 나서 그들은 자전거에 올라타고 달리기 시작했다.

어느 시골 식당에서 저녁 식사를 하는데 술을 마시고 있던 농부가 괜찮다면 자기 집 헛간에서 자도 좋다고 했다. 잠자리 걱정을 하고 있던 그들은 두말할 필요도 없이 흔쾌히 받아들였다. 다음 날 아침 집주인에게 인사를 하고 길을 나선 그들은 정오가 다 되어 집에 도착했다.

프리츠는 며칠 동안 우울하게 보냈다. 부모님도 이를 눈치챘으며 카트린의 모습이 보이지 않는 것을 의아하게 생각했다. 프리츠도 이제 개인적인 일에 대해 일일이 부모에게 보고하거나 여자 친구 문제를 털어놓을 나이는 지났으므로 부모님도 그것을 존중하고 더는 캐묻지 않았다. 하지만 아들에게 기분 전환이 필요하다고 생각한 부모님은 친척들에게 수소문하여 프리츠에게 건축에 관계된 일자리를 구해 주었다. 그리하여 프리츠는 소일거리가 생겼을 뿐 아니라 돈도 조금 벌 수 있게 되었다. (아버지는 졸업 시험이 끝난 이후 5,000마르크에 대한 이야기를 두 번 다시 하지 않았다. 프리츠는 부모님에게 많은 은혜를 입고 있다는 것을 알기 때문에 이에 대해 두 번인가 말하고는 이후로 다시는 입 밖에 꺼내지 않았다. 이렇게 해서 5,000마르크는 물건너가 버렸다. 하지만 아버지의 제안은 그가 성적을 올리는 데 결정적인 동기 부여가 되지 않았던가!) 하여간 모든 상황이 이 일자리를 받아들일 수밖에 없게 만들었다.

이후 한 달 동안 프리츠네 집에서는 새벽 5시 반이면 자명종 소리가 났다. 한 달 후 프리츠는 기분도 좋아지고 마음이 아픈 것도 덜해졌다. 그는 집에 머무는 시간이 많아졌다. 가을이 막 시작될 무렵 태양이 아직 따스하게 비칠 때, 부모님은 프리츠에게 지난 여름 폭풍우로 비틀어진 지붕 안테나를 바로잡아 달라고 했다. 프리츠는 남동생과 함께 오후 2시에 창문을 통해 지붕으로 올라가서 먼저 주위를 둘러보았다. 용마루가 정확히 북서쪽을 가리키고 있다는 것을 이제야 처음으로 알았다. 태양은 지붕 위로 참을 수 없을 만큼 맹렬하게 내리쬐어 그들을 달굴 정도였다. 지금 기와의 모든 그림자, 규칙적으로 기울어 있는 지붕 채광창들의 그림자가 정확히 용마루와 평행으로 떨어지고 있었다. 하지만 이런 관찰이 오늘은 프리츠에게 별 즐거움이 되지 못했다. 이에 관심을 가질 만한 마음의 여유가 없었다. 급경사진 지붕에서 미끄러질 것 같은 두려움에 사로잡혀 있었던 것이다. 지붕이 그가 서 있는 위치에서는 실제보다 훨씬 더 위험하게 보인다.

그러면 지붕은 얼마나 가파른 것일까요?

모험 32

카트린과의 짧은 대화

프리츠가 불안한 시선으로 주위를 둘러보는 동안 동생은 먼 곳을 바라보고 있었다. 누구를 보고 있는 것일까? 카트린이었다! 그녀도 지붕 위의 두 사람을 보고 있었다. 카트린은 프리츠네 집을 그냥 지나치려고 했지만 두 사람 눈에 띈 이상 모른 체할 수가 없었다. 그녀가 자전거에서 내려 형제에게 인사를 건넸다. 프리츠는 아래를 내려다보며 지붕 위로 올라오지 않겠느냐고 물었다. 하지만 유감스럽게도 그럴 시간은 없으며 몇 분간 이렇게 서서 이야기하는 것은 괜찮다고 했다. 물론 프리츠는 화가 났지만 꾹 참고 카를과 함께했던 자전거 여행에 대해 이야기했다. 특히 놀이터에서 만난 다른 카트린에 대해, 실제로는 짧은 만남이었지만 부풀려서 이야기하며 카트린이 질투하기를 은근히 바랐다. 하지만 그의 의도는 전혀 효과를 발휘하지 못했다.

카트린은 수지와 함께 보낸 이탈리아에서의 휴가에 대해 짧게 이야기했다. 프리츠도 그들이 이탈리아로 여행을 떠났다는 소식을 들었다. 그런데 그 휴가가 아주 실망스러웠다는 것을 그때까지는 몰랐다. 그는 겉으로는 카트린에게 망친 휴가에 대해 유감을 표했지만 내심은 기분이 좋아 거의 노래가 나올 지경이었다. 그러고 나서 카트린은 두 사람과 작별했다. 그들이 대화를 나눈 시간은 5분이 채

안 되었다.

"한 달 반 만에 만났으면서 그렇게 할 얘기가 없어?"

동생이 핀잔을 주었다. 프리츠도 그렇게 생각했다. 하지만 카트린과 이야기를 나누는 동안 옛 상처가 새롭게 떠올라서 마음이 언짢았다. 그래서 그녀와 너무 오래 대화를 나누었다는 생각이 들 정도였다.

"이제 일하자!"

프리츠는 엉금엉금 기어서 안테나 쪽으로 다가갔다. 안테나를 살펴보니 받침대는 아무 이상이 없었다. 단지 안테나를 다시 바로잡고 죔쇠를 잘 죄기만 하면 되었다. 그들이 안테나를 죄는 동안 안테나 그림자가 지붕 위 여기저기를 방황했다. 안테나 위치를 제대로 잡았을 때 작은 안테나 머리의 그림자가 우습게도 바로 용마루 위에 떨어졌다. 프리츠 형제는 자신들이 한 일을 만족스럽게 바라보았다. 안테나는 똑바로 서 있었다. 이제 안테나가 지붕보다 어느 정도 높이 있으니 금요일 탐정 드라마를 선명하게 볼 수 있을 것이다.

3m 높이의 안테나가 용마루보다 얼마나 높이 솟아 있는지 아세요? (잊을 뻔했군요. 이 문제를 푸는 데 도움을 주기 위해, 두 사람이 안테나 위치를 바로잡은 시간을 가르쳐 주어야겠군요. 오후 2시 9분 38초였답니다. 여러분의 부담을 덜기 위해 오후 2시라고 가정하세요. 시차 때문에 약간의 오차가 생기겠지만 많은 시간을 절약할 수 있지요. 그러면 이제 시작해 보세요!)

모험 33

새로운 농업 문제

비틀어진 안테나 문제를 빠른 시간 내에 멋지게 해결하고 나니 마음이 홀가분했다. 두 사람은 지붕의 채광창을 통해 무사히 밑으로 내려왔다.

형제는 산책을 하면서 가을빛으로 덮인 숲을 따스하게 비추어 주는 햇살을 즐기기로 했다. 숲과 들을 지나며 예쁘게 물든 나뭇잎에 감탄하는 소리가 은은히 퍼졌다. 얼마 가지 않아 산딸기가 풍성한 숲을 발견하고는 한참 동안 산딸기를 따 먹느라 정신이 없었다. 산열매로 활기를 되찾은 형제는 다시 길을 가면서 아름다운 풍경을 감상했다. 그들은 해가 막 넘어가기 전에야 집으로 돌아왔다.

그 후 며칠간은 카를이 계속 연락을 해 왔다. 그는 다른 도시에서 인생의 새로운 전환점을 맞으려는 여행을 떠나기 전에 프리츠와 함께 멋진 하루를 보내려는 것이다. 카를이 가려는 도시는 여기서 100km도 떨어지지 않았지만 자주 보지는 못할 것이다. 두 사람은 날씨 좋은 날 레니 숙모네 집 옆에 있는 호수로 또 한 번 자전거 여행을 떠나자고 약속했다.

어느 맑게 갠 날, 프리츠와 카를이 호수에 도착하여 물에 손을 담가 보니 가을인데도 수영을 할 만했다. 그렇다면 주저할 것 없지 않은가! 두 사람은 옷을 벗고 물에 풍덩 뛰어들었다가 얼른 뛰쳐나오기를 반복하며 가을 수영을 즐겼다. 날씨가 추워져도 앞으로 몇 달간은 기회가 닿는 대로 상쾌한 냉수욕을 즐기자고 다짐했다. 하지만 차가운 수영 후에 따뜻한 커피 한 잔이 있으면 얼마나 좋을까! 그들은 어느새 레니 숙모네 집 문을 두드리고 있었다.

커피를 마시며 숙모와 이야기를 나누었다. 숙모는 현명하게도 카트린에 대해서는 아무 말도 묻지 않았다. 숙모는 농경지 경작 문제로 걱정이 많았다. 숙모와 삼촌은 이제까지 농경지 일부를 소작을 주었는데 소작인이 나이가 많아서 더는 경작을 할 수 없게 되고 다른 사람들도 별 관심을 보이지 않았으므로 두 분이 직접 경작해야 할 처지에 놓였다. 하지만 없는 시간에 어떻게 이 땅까지 경작한단 말인가?

"소와 돼지, 닭을 치는 데 일 년에 최대한 900시간을 쏟아부어야 한단다. 물론 이것들을 자유롭게 방목하지만 최대한으로 낼 수 있는 시간이란다!"

숙모가 말했다.

프리츠가 무엇을 경작하려는지 궁금해하자 숙모는 감자나 무 또는 보리를 생각한다고 했다.

"왜 결정을 못 하세요?"

프리츠와 카를에게는 그것이 간단하게 여겨졌다.

"작물마다 경작 시간이 다르다는 걸 아니? 보리가 한 필지에 열 시간이 필요하다면 무는 그 두 배의 시간이 필요하단다. 그리고 감자를 경작하는 데는 시간이 세 배나 들지."

"그러면 보리만 경작하면 되겠네요!"

현명한 충고가 간단히 나왔다. 그러나 두 이론가가 간과한 것이 있었다. 숙모와 삼촌은 부농이 아니니 정확한 이윤을 계산해야만 했다.

"그럴 수도 있겠지. 하지만 보리를 경작할 경우 필지당 평균 200마르크의 이윤을 남긴다면, 무는 300마르크, 감자의 경우에는 낙농정책의 도움으로 500마르크나 이윤을 볼 수 있거든."

"그렇다면 감자만 심으세요!"

역시 어리석은 제안이었다. 두 분이 농경지를 경작하는 데 투자할 수 있는 시간이 얼마나 되는지 알 수 없었다. 두 친구는 숙모가 가축을 기르는 데 많은 시간을 쏟고 있음을 잊었던 것이다. 숙모와 삼촌은 900시간에 또 60필지의 경작을 계산해야 하는 것이다. 숙모가 결코 욕심이 많은 것은 아니지만 새로 구입한 트랙터 할부금도 지불해야 하기 때문에 가능한 한 이윤을 많이 남기는 방향으로 결정해야 할 것이다.

여러분이 이들을 도와주겠어요?

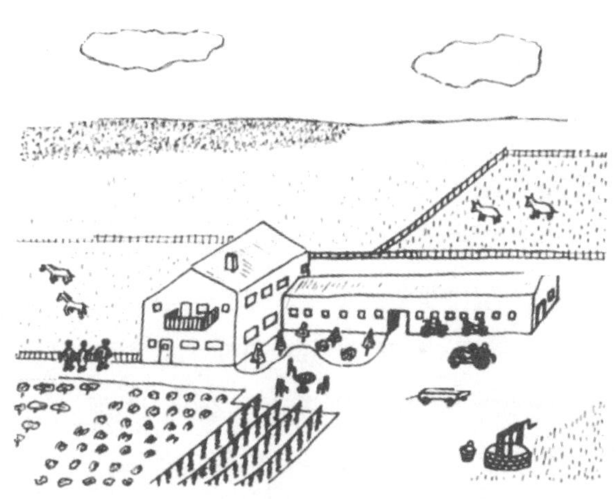

모험 34

프리츠의 탄식

프리츠와 카를에게서도 별다른 의견을 얻지 못하자 숙모는 약간 실망한 듯했다. 그들은 옛 수학 선생님에게 물어보고 편지를 하겠다고 약속했다. 숙모는 고맙다고 말은 했지만 속으로는 미심쩍게 생각했다(하지만 숙모가 그들을 잘못 생각했다는 것이 곧 밝혀질 것이다). 세 사람이 이야기를 나누는 동안 하인리히 삼촌이 돌아왔다. 한 시간 후 프리츠와 카를은 정겨운 작별 인사와 함께 커다란 소시지 덩어리를 받아 들고 길을 나섰다. 집에 도착해서 카를과 프리츠는 긴 작별 인사를 나누었다.

드디어 프리츠는 뮌스터로 떠났다. 하지만 대학 생활은 프리츠가 생각했던 것과는 전혀 달랐다. 얼마 지나지 않아 많은 부분에서 실망하기 시작했다. 그중 하나는 매주 주어지는 엄청난 양의 수학 숙제였다. 강의도 거의 이해할 수 없었다. 그는 수줍은 편이었으므로 모르는 것을 다른 학생들에게 물어보기도 어려웠다. 그래서 숙제를 할 때마다 혼자서 끙끙거렸다. 하지만 대부분 성공하지 못했다. 쉬는 시간에도 무엇을 해야 할지 난감했다.

그가 아는 사람은 아무도 없었고, 카트린이 이곳에서 수학을 공부하지만 둘 사이엔 여전히 말이 없었다. 강의 시간에 서로 멀리서 바라보기만 할 뿐이었다. 그녀와 눈이 마주칠 때마다 프리츠의 심장은 바늘에 찔리는 듯했다. 카트린도 프리츠와 거리를 두어야 하는 것이 마음 아팠다. 하지만 이 같은 단호한 결단이 없이는 두 사람의 좋은 관계가 유지될 수 없다는 것을 그녀는 잘 알았다.

프리츠는 외롭고 쓸쓸한 심정으로 한 주 내내 금요일 오후를 기다렸다. 그때가 되면 집에 갈 수 있기 때문이었다. 그러다가 다시 월요일 아침이면 한껏 의기소침해져서 한숨을 쉬었다. 또한 강의 내용을 어느 정도 이해하는 것처럼 보이는 동료 학생들을 보면 존경심마저 들곤 했다. 그들이 강의 내용을 이해하지 못했다면 질문을 했을 텐데 아무 질문도 없으니 모두 이해한다는 말이 아닌가! 강의 시간이 너무나 길게 느껴졌다. 그런데 어찌 된 일인가! 프리츠의 귀가 번쩍 뜨였다.

교수의 이야기가 흥미를 불러일으킨 것이다. 페르시아 왕이 시간 가는 줄 모르고 재미에 빠져들었던 체스를 발명한 사람에 관한 이야기였다. 왕은 그에게 무슨 소원이든 다 들어주겠다고 제안했다. 겸손한 발명가는 무엇을 원했을까? 약간의 보리였다. 체스판의 첫째 칸에 보리 한 톨, 둘째 칸에 두 톨……. 프리츠가 '그렇게 계속되겠지.'라고 생각하는데 이야기가 그에게 익숙하지 않은 방향으로 전환되자 정신을 바짝 차려야 했다.

"모든 칸에 대해 앞선 두 칸에 있는 보리알을 합친 수만큼 받기를 원했습니다!"

교수의 질문이 정신을 차리게 했다.

"그러면 왕은 발명가에게 보리를 얼마나 주어야 할까요?"

프리츠는 곰곰이 생각했다.

여러분은 이 질문에 어떻게 답하겠어요?

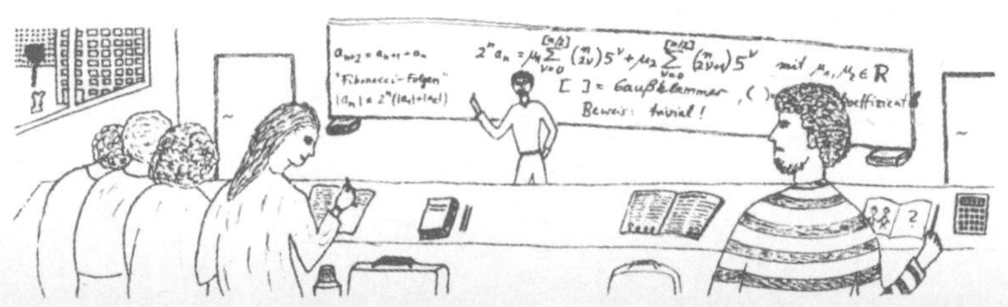

모험 35

드디어 아프리카로!

복잡한 수학 문제를 가지고 학생들을 괴롭히기 위함인가? 프리츠는 체스를 발명한 사람에 대한 역사적인 이야기를 이상하게 각색한 교수가 별로 달갑지 않았다. 기압계가 가리키는 눈금처럼 프리츠의 정서적인 기압계도 점점 가라앉고 있었다. 그는 아무것에도 흥미를 느낄 수가 없었다. 겨울 학기가 거의 끝나 갈 무렵, 해도 비치지 않고 눈도 내리지 않는 날씨가 그를 우울하게 만들었다. 수학 시간만 되면 규칙적으로 잠이 들었다. 교수들 중에서 몇이나 갓 들어온 신입생들의 마음을 이해하고 있을까?

프리츠는 골똘히 생각해 보았다. 자신에게 새로운 공기가 절실히 필요한 것 같았다. 그래서 침낭과 칫솔을 챙기고, 몇 가지 필요한 물건과 해석학 교과서를 꾸렸다. 아직 학기 중인데 책을 한 권도 챙겨 가지 않는다면 양심에 찔릴 것 같았기 때문이었다.

사람들 말에 따르면 그는 1월 21일에 하늘을 나는 양탄자에 올라타 아프리카로 날아갔다고 했다. 물론 양탄자 운전대에는 속도계 혹은 그와 비슷한 초현대식 물건이 있었고, 나침반이 그에게 길을 알려 주었다. 다음 날 그는 아프리카의 심장부에 있는 오아시스 근처에 착륙했다. (다른 버전에 의하면 프리츠는 아주 서민적인 방식으로 점보 여객기를 타고 남쪽으로 가서 공항에서 위험한 버스 여행을 통해 오아시스에 도착했다고도 한다.) 손목시계를 보고 프리츠는 여기서는 태양이 집에서보다 약 한 시간 일찍 하루 중 가장 높은 점에 도달한다는 것을 알아챘다. (왜냐하면 바로 이 순간에 태양은 정확히 남쪽에 떠 있었다. 아직 중유럽의 시간에 맞추어져 있는 그의 시계는 그가 어제 여행을 떠날 때 지금보다 한 시간 늦은 시각에, 짙게 드리운 구름 사이에서 정확히 남쪽에서 태양을 발견했기 때문이다.) 그는 기분 좋게 사막의 모래를 밟으면서 그의 그림자가 눈에 띄게 줄어들었음을 보았다. 그가 똑바로 서면 180cm인 그의 키에 60cm 길이의 그림자가 만들어졌다. 그리고 이곳은 정말 더웠다. 프리츠는 동료 학생들이 공부하고 있을 뮌스터를 생각했다.

그러면 프리츠는 그들에게서 얼마나 멀리 떨어져 있을까요?

모험 36

밤에 지프를 타는 모험

프리츠는 오아시스를 둘러보다가 야자수 사이의 호수 옆에 진을 치고 있는 대상을 발견했다. 그는 조심스럽게 낙타를 모는 사람에게 다가갔다. 손짓 발짓을 통해 상인들이 북쪽으로 여행하는 중이며 프리츠가 함께 가도 괜찮다는 것을 알아냈다. 7시간 동안의 밤 행진 후에(이곳에서는 달이 태양보다 훨씬 더 편안하므로 주로 밤에 여행한다) 대상의 인도자는 프리츠에게 적도에 도달했음을 알려 주었다. 그리고 지도에서 가까이 있는 마을을 가리켰다. 한낮의 더위가 가신 후에 프리츠는 이들에게 고마움을 전하고 헤어졌다.

몇 시간 후에 프리츠는 모랫길 위에 차가 지나간 흔적을 보게 되었다. 그리고 거의 어두워졌을 때 뒤에서 나는 모터 소리를 들었다. 그가 손짓을 하자 지프가 멈추었다. 운전자는 어눌한 영어와 국제적인 언어인 보디랭귀지를 섞어 가며 프리츠에게 타라고 했다. 다시 출발! 밤의 드라이브가 그에겐 새로운 체험이 될 것이다! 헤드라이트가 켜지자 불빛 안에서 기이하게 생긴 짐승들이 달아났다. 달빛이 은은히 비치는 낭만적인 밤, 마침내 멀리서 탑들과 마을의 성벽이 떠올랐다. 거리는 직선으로 긴 성벽 위로 향해 있고, 그러다 90도 각도에서 40m 반지름으로 오른쪽으로 꺾이면서 한동안 성벽과 10m 간격을 두고 계속 갔다. 지프가 동일한 속도로 커브길에 들어설 때 프리츠는 (그들이 성벽 위로 곧바로 향해 갈 때 언제나 같은 위치에 있던) 헤드라이트 불빛이 성벽 위에서 어떻게 천천히 오른쪽으로 움직이다가 더 빨라지는가를 관찰했다.

여러분은 어떤 위치에서 성벽 위의 불빛이 지프와 같은 속도로 움직이는지 아세요?

모험 37

상쾌한 아침 운동

마침내 성문을 통과해 마을로 들어선 뒤 구불구불한 골목길을 지나 광장으로 가는 길을 달렸다. 그곳에 도착하자 외국인을 구경하려고 사람들이 순식간에 모여들어 프리츠를 에워쌌다. 운전자는 얼른 프리츠를 빼내어 마을에서 가장 멋진 집으로 안내하면서 어디에서 왔으며 어디로 갈 것인지 묻고는 잠자리를 일러 주었다. 다음 날 아침 식탁에서 집주인과 인사를 나누면서야 그가 마을의 촌장임을 알게 되었다. 촌장이 프리츠에게 자기 집에 계속 머무를 것을 제안하였고 프리츠는 감사한 마음으로 받아들였다.

프리츠는 하는 일 없이 몇 주일을 빈둥거리다가 마침내 유익한 일을 해 볼 기회를 갖게 되었다. 촌장이 짐차를 가지고 사촌이 있는 북쪽으로 여행하면서 프리츠에게 도움을 청한 것이다. 촌장의 사촌은 이 마을에서 이틀 걸리는 거리, 위도상 6도만큼 차이 나는 곳에 살고 있었다. 차에 짐을 싣자면 땀깨나 쏟겠지만 프리츠는 기꺼이 승낙했다.

다음 날 아침 일찍 두 사람은 덮개만 달린 트럭을 타고 출발했다. 상쾌한 바람을 가르며 달리던 그들은 유감스럽게도 얼마 가지 못했다. 60km/h 속도로 고르고 판판한 아스팔트 도로를 달리고 있는데 갑자기 모터가 소리를 내지 않는 것이었다.

"빌어먹을, 기름이 떨어졌어!"

촌장이 투덜댔다. 300m를 더 가다가 속도가 30km/h로 떨어졌다. 트럭에는 몇 톤의 물건을 실었으니 그럴 수밖에 없을 것이다. 커브를 돌기 전, 프리츠는 오늘 거른 아침 운동을 만회하고자 결심했다. 즉, 들을 가로질러 달리기로 한 것이다. 달리다 보면 도로에 이를 것이며, 먼 길을 달린 후에 커브를 돌아야 하는 트럭을 앞지를 것이다.

반지름이 90m인 긴 커브를 돌기 시작할 때 속도계는 단지 18km/h를 가리키고 있었다. 그때 프리츠는 발판에 올라서서 숨을 길게 들이쉬고는 뛰어내렸다. 그는 힘을 다해 옆으로 달려가서 초원 위를 자신의 최고 속도인 15km/h로 계속 직선으로 달렸다. 단 1초도 허비하지 않았다. 그가 다시 도로에 도달했을 때 약간 속도가 떨어진 트럭도 도착했다. 프리츠는 잽싸게 발판에 뛰어올라 운전석 옆으로 기어올랐다. 촌장은 프리츠의 힘든 아침 운동에 눈을 크게 뜨고 쳐다보았다.

프리츠의 아침 운동은 시간이 얼마나 걸렸을까요?

모험 38

사진 속의 두 마리 코끼리

프리츠가 아직 숨을 헐떡이는 동안 트럭은 간신히 굴러 가다가 마침내 서 버렸다. 촌장은 귀찮은 일이 생긴 것에 한숨을 쉬며 차 밑으로 들어갔다. 거기에는 커다란 예비 기름통 2개가 위태롭게 매달려 있었다. 그는 그것으로 기름통을 채웠다. 프리츠는 느긋하게 바라보고 있을 수밖에 없었다. 다시 출발! 아스팔트 길은 얼마 되지 않고 대부분이 울퉁불퉁한 모랫길이어서 그네를 타는 듯 흔들거리며 가야 했다. 그들은 다음 날 밤 늦게야 힘들고 긴 여행을 마치고 목적지에 도착했다.

그리고 이튿날인 3월 20일에 사촌은 성대한 환영식을 열었다. 짐차를 풀 때는 사촌의 만류에도 프리츠도 함께 거들었으며 정오쯤에 일이 끝났다. 프리츠가 이것저것 관심이 많았으므로 촌장은 마을 주변을 탐사할 겸 소풍을 가도록 권했다.

"하지만 마을에서 멀리 벗어나지는 마오. 여기엔 야생 동물이 많으니까."

촌장이 경고했다.

프리츠는 경험 많은 촌장의 경고를 곧 잊어버리고는 상쾌한 기분으로 걷다가 점점 마을에서 멀어졌다. 그러다 갑자기 심장이 멈추는 듯했다. 조금 떨어진 곳에서 코끼리 무리를 본 것이다. 어느 방향으로 도망갈 것인지 잠시 생각하는 동안 다행히 코끼리 떼와 프리츠

사이엔 강이 흐르고 있음을 깨닫고는 느긋해졌다. 그는 다시 평온한 마음으로 강 가까이 다가갔다.

폭이 25m인 강은 이 지점에서 곧바로 흐르고 있었다. 다른 코끼리들이 멀리서 어슬렁거리는 동안, 4m 크기에 1m 폭의 멋진 코끼리 두 마리가 건너편 강가에 인접하여 느린 걸음걸이로 가고 있었다. 그중 한 마리는 프리츠와 같은 높이에 멈추어 서고, 다른 한 마리는 프리츠를 더 잘 감시하기 위해 동료 코끼리에게서 70m 떨어진 곳에 멈추어 섰다. 프리츠는 다시 불안해지기 시작했다. 코끼리가 수영할 수 있는 거리에 대해 배울 때 하필 아파서 학교를 결석했기 때문이다. 코끼리 한 마리가 긴 코를 벌렁거리며 휘두르자 프리츠의 불안은 더 커졌다. 그래서 그는 멀리 도망을 갔는데 코끼리들이 전혀 강물로 내려오지 않자 자신의 소심함이 부끄러워졌다.

프리츠는 착한 동물들의 평화스런 마음을 알아채고는 계속 관찰해 보고 싶은 호기심이 생겼다. 그리고 카메라를 갖고 온 것을 기억하고 이 멋진 장면을 필름에 담기로 했다. 카메라에 줌 기능은 없었지만 어쨌든 두 마리 코끼리를 동시에 볼 수 있도록 한 화면에 넣으려고 했다. 두 마리는 아까 그 자리에 그대로 서 있었다. 한 화면에 넣으려니 배경을 작게 하고 가능한 한 코끼리 모습이 화면에 크게 나오게 해야 했다(프리츠의 카메라가 두 마리 코끼리를 보는 각도의 합계는 가능한 한 커야 할 것이다).

사진을 찍기 위해서는 어느 장소가 가장 적절할까요?

모험 39

길 잃은 프리츠

'사진이 잘 나와야 할 텐데.' 프리츠는 사뭇 기대가 되었다. 그가 한참을 더 관찰한 뒤 이 멋진 동물들이 마침내 그곳을 떠나고, 영양이 그의 바로 맞은편 강가에서 신기한 듯 프리츠를 쳐다보고 있었다. 프리츠는 그렇게 강가에서 몇 시간을 보냈다.

태양이 점점 깊이 가라앉자 그는 어둠 속에 혼자 머물고 싶지 않아 마을로 가려고 서둘렀다. 하지만 적도와 가까운 곳에서는 밤이 갑자기 찾아든다는 것을 알았어야 했다. 이제 그는 짐승이 나타날지 모른다는 두려움과 길을 잃는 두려움 중 어느 하나를 선택해 벗어나야 하는 기로에 서 있었다. 그는 첫 번째를 선택하고는 나무 하나를 골라 그 위에서 불안한 밤을 보냈다. 그러면서 한동안 나무에서 밤을 보냈던 로빈슨 크루소를 생각했다. 예전에는 자주 로빈슨 크루소의 모험을 꿈꾸었는데 막상 그 같은 상황이 되니 한숨만 나왔다.

그렇게 밤이 지나고 아침 여섯 시에 태양이 떠오르자 프리츠는 나무에서 내려와 동쪽으로, 바로 태양을 향해 걸어갔다. 마을은 약 15km 떨어진 곳에 있었다. 지난 며칠간 긴장하면서 보낸 탓에 머리가 맑지 않은 프리츠는 태양을 따라 계속 걸었다. 그는 자신이 점점 동쪽에서 비껴 가고 있다는 것을 알아채지 못했다. 신기루를 보았을 때도 자신의 방향을 용감히 고수하고 걷고 또 걸었다. 1m/sec의 일정한 속도로 태양을 향해 계속 걸었다. 해가 졌을 때 그는 완전히 녹초가 되어 모래 위에 주저앉아 버렸다.

여러분은 불쌍한 프리츠가 마을에서 얼마나 멀리 떨어져 있는지 아세요?

모험 **40**

곤돌라에서

먼동이 트기 직전에 먹구름이 깔리더니 빗방울이 떨어지기 시작했다. 차가운 빗방울이 프리츠에게 삶에 대한 의욕을 다시 일깨워 주었다. 어제 얼마나 멍청하게 길을 잘못 갔는지, 그는 방향과 마을과의 거리를 재빨리 계산했다. 잠시 후 해가 다시 비치고 프리츠는 기운을 내어 길을 나섰다. 오후 늦게 마을에 도착했을 때는 허기가 지고 지친 상태였지만 마음의 두려움은 사라졌다. 촌장의 사촌이 식사를 준비해 주며 자신의 경솔함을 탓했다. 그리고 식사를 마친 그를 잠자리로 안내했다. 이틀 후 촌장의 마을을 향해 떠난 뒤 거의 48시간 만인 밤중이 되어서야 도착했다.

다음 날 아침 프리츠는 쿵쿵거리는 시끄러운 소리에 잠에서 깼다. 마을과 인접한 도시에 박람회가 들어서서 판매대를 짓느라 소란스러웠던 것이다. 선잠을 깨고 나니 기분이 언짢았지만 일어나서 천막과 놀이 시설, 판매대 짓는 모습을 재미있게 구경했다. 옥수수빵 가게 아저씨의 천막이 제일 먼저 개장했다. 거기서 꼬르륵거리는 배를 달래고 나자 힘이 난 프리츠는 막 준비된 '이중 곤돌라'를 타 보고 싶었다. 하나의 큰 원형 판이 10초에 한 번씩 중간 축 주위를 돌고, 그 원형 판 위로 2m 지름의 작은 곤돌라가 10초에 한 번씩 중심점을 돌고 있었다.

프리츠는 곤돌라에 올라탔는데, 그가 탄 곤돌라의 회전축은 큰 회전식 원형 컨베이어 중심에서 2m 떨어져 있었다. 그는 곤돌라의 가장 바깥쪽 의자에 앉았고 이미 마을의 한 젊은이가 타고 있었다. 아부라는 이름의 그는 영어를 유창하게 구사했다. 둘이 이야기를 나누던 중에 컨베이어가 돌아가기 시작했다. 아부는 수학과 물리학을 공부한 학생인데 그 마을에서 유명해진 프리츠에게 자기들이 1초에 몇 미터나 돌아가게 되느냐고 물었다. 그러나 이중으로 돌아가는 이 곤돌라의 구조를 생각하니 프리츠는 쉽게 답이 나오지 않았다.

여러분이 프리츠라면 어떤 대답을 할 수 있을까요?

모험 41

무화과주를 너무 많이 마셨나?

컨베이어가 멈추었을 때 프리츠의 얼굴빛은 새하얗게 변해 있었다. 그는 머리가 어질어질하여 간신히 곤돌라에서 내려왔다. 기운을 좀 차렸지만 속이 울렁거려 기분이 언짢아진 그를 아부가 마을 호수로 데려갔다. 거기서 둘은 먼저 기분 좋게 목욕을 했다. 프리츠는 다시 기운을 차렸다. 밤에 마을에서 열리는 축제를 위해서도 기분을 낼 필요가 있었다.

마을 광장에는 이미 남녀노소가 몰려들어 춤추고 노래하며 축제를 즐겼다. 프리츠 주변으로 사람들이 모여들었다. 멀리서 온 여행객인 그는 분에 넘치는 환대를 받았다. 이 같은 혼잡 속에서 그는 정신이 몽롱해졌다. 여기에 더하여 마을 사람들이 직접 담근 무화과주가 평소 술을 마시지 않는 프리츠에게 몇 배의 효과로 나타났다. 축제가 한창인 새벽녘에 프리츠는 그곳을 빠져나왔다.

그는 반듯하게 걷지 못하고 휘청거렸다. 촌장의 집으로 향하는 활같이 휜 커브길에서 그는 주저했다. 물론 아무도 프리츠가 이 구부러진 길을 정확히 걸어가리라고 기대하지는 않을 것이다. 그러잖아도 술에 취해 먼 길로 돌아가는 판이지만, 이 귀갓길을 통계학적으로 계산해 보면 다양한 강도의 굴곡이 서로 조절되고 있었다. 즉, 프리츠는 5m는 1m를 왼쪽으로 휘어서 비틀거리고, 다음 5m는 중간

선으로 방향을 바꾸어 가다가, 다음 5m는 1m를 오른쪽으로 휘청거렸다.

이처럼 뱀같이 구불구불 가면서 길은 얼마나 더 멀어졌을까요?

모험 42

흥분되는 보물찾기

다음 날 아침 프리츠는 간밤에 마신 술로 정신이 약간 몽롱한 상태에서 깨어났다. 촌장이 아침 식사를 하라고 불렀다. 두 사람은 프리츠의 대학 생활을 화제로 이야기를 나누다가 마침내 촌장이 자신을 오랫동안 짓누르고 있는 문제에 대해 이야기했다. 프리츠가 그에게 도움을 줄 수도 있을 것이다.

부유한 지배자였던 촌장의 아버지는 낯선 무리가 마을로 쳐들어오자 금과 보석이 든 커다란 상자를 광야에 묻었다. 그는 이 장소가 쉽게 발각되지 않게, 그러나 수십 년이 지난 후에도 다시 찾을 수 있게 하기 위해 보물 상자를 묻어 둔 곳까지 하나의 복잡한 길을 고안했다. 침입자들은 30년 동안이나 이 마을을 점령했으며 그사이에 아버지는 죽었다. 죽기 바로 전에 아버지는 아들에게 보물이 있는 곳을 다음과 같이 일러 주었다.

"성문에서 동쪽을 향해 정확히 10km 가서 북동쪽으로 정확히 5km 가고, 그리고 북쪽으로 3.33333km, 그다음에 북서쪽으로 정확히 2.5km 간 다음 서쪽으로 2km…… 네가 그렇게 중간 나침반 때마다 방향을 1,000번 바꾸면 보물이 묻힌 장소에 도달할 것이다."

침입자들이 물러가고 나서 촌장은 자신의 무리와 함께 보물 상자를 찾으려고 애썼지만 허사였다.

“아버지가 너무 복잡한 길을 생각해 내신 것 같아.”

촌장이 한숨을 쉬었다.

“광야에서 한치의 오차도 없이 동쪽으로 정확히 10,000m, 그리고 다시 북동쪽으로 정확히 5,000m, 이렇게 가기는 불가능해. 매번 1,000m의 오차가 발생한다면 우리는 결국 보물 상자에서 아주 멀리 떨어지게 되는 거야. 어쨌든 우리는 여러 번 시도했지만 이런 부정확성 때문에 매번 엉뚱한 곳에 도달했지.”

이 말을 듣고 프리츠의 얼굴이 환해졌다. 그가 가져온 수학 책이 유용하게 사용되리라고 생각했지만 그보다 훨씬 긴요하게 사용되는 것이었다.

“동쪽으로 정확히 10,221m 간 다음 북쪽으로 정확히 6,440m를 가면 됩니다.”

프리츠가 대답했다. 촌장은 놀라서 입에 물고 있던 파이프를 떨어뜨렸다.

여러분도 이같이 재빠르게 생각해 낼 수 있나요?

모험 43

아부와 촌장과 프리츠, 이야기꽃을 피우다

촌장은 곧 사람들을 불러 프리츠가 계산해 준 대로 보물 상자를 찾아 떠나기로 결정했다. 잠시 후 낙타가 준비되고, 프리츠는 처음으로 사막의 배인 낙타를 타 보았다. 하지만 점차 그의 기쁨은 조바심으로 바뀌었다. 혹시 계산이 잘못되어 무리에게 크게 비난받지나 않을까 하는 염려 때문이었다.

프리츠가 계산해 준 장소에 도착하자마자 모두들 삽과 괭이를 가지고 서둘러 땅을 파기 시작했다. 초조한 시간이 지나고 촌장과 그의 무리가 기쁨의 환호성을 지르지 않았다면 프리츠의 심장은 완전히 졸아들었을 것이다. 보물을 찾은 것이다! 촌장의 무리는 보물과 프리츠를 높이 들어 올리며 귀향했고, 촌장은 보물을 안전한 곳으로 운반했다. 이 기쁜 소식이 마른나무에 불 번지듯이 마을 전체로 퍼져 갔고 온 마을이 기쁨으로 술렁댔다. 좋은 날 축제가 빠질 수 없었다. 성대한 축제가 열리는 저녁까지는 아직 시간이 있었다.

프리츠는 축제 준비로 어수선한 분위기에서 벗어나 좀 쉬고 싶었다. 그래서 마을 외곽에 있는 아름다운 야자수 아래에 몸을 뉘었다. 얼마 지나지 않아 곤돌라를 함께 탔던 아부가 왔다. 둘이서 한참 동안 이야기를 나누었다. 프리츠는 이곳 아프리카가 얼마나 아름다운지 눈을 반짝이며 설명했다. 야자수는 얼마나 멋진가! 사람들은 모두 밝고 환하며 햇빛은 또 얼마나 풍부한지……. 하지만 이 그늘 없는 지역의 음지에 대해 알고 있는 아부는 프리츠의 너무 낭만적인 생각을 바로잡아 주었다. 그래서 프리츠는 이곳 열대에서의 삶, 낙후된 점과 그 원인에 대해 많은 것을 알게 되었다. 프리츠는 자신이 얼마나 잘못 알고 있었는지를 깨닫게 되고, 지나간 시절의 삶에 대해 감사할 줄 모르고 힘들게만 느꼈던 것을 반성하게 되었다.

프리츠가 자신에 대해 생각하고 있을 때 촌장이 나타나서 그에게 또다시 고마움을 표했다. 이전에 아버지가 가르쳐 준 길을 얼마나 헛되이 찾아 헤맸는지를 장황하게 설명하며 프리츠의 도움으로 보물을 찾게 되어 참으로 기쁘다고 말했다.

"촌장님의 아버님께서 일러 주신 길은 제가 말한 것보다 훨씬 먼 거리죠."

프리츠가 자랑스러운 마음으로 덧붙였다.

그러면 촌장의 무리는 이전의 보물찾기 방식으로 얼마나 더 먼 거리를 가야 했을까요?

모험 44

한 이야기꾼의 이야기

세 사람이 이야기를 나누는 동안 해가 지평선 아래로 가라앉았다. 그들은 축제를 즐기기 위해 마을 사람들이 모여들고 있는 광장으로 갔다. 프리츠는 물론 이 밤의 영웅이었다. 남쪽 나라의 특성이 아름답게 나타나는 축제의 밤에 그는 완전히 매혹되었다. 곡예사는 숨막히는 기교를 보여 주었다. 어떤 이는 피리로 뱀을 불러내어 춤을 추게 했다. 또 나이가 지긋하고 위엄 있어 보이는 이야기꾼 주위에 많은 사람이 모여 있었다. 아부가 프리츠에게 그의 이야기를 통역해 주었다.

"옛날 어느 먼 나라에 왕자가 살았는데, 그는 엄청난 유산을 상속받았습니다. 그러나 왕자는 무능한 녀석이었죠. 그는 세계적으로 유명한 건축가에게 화려한 궁전들을 짓게 하고 축제를 벌여 흥청망청 쓰다 보니 한 해가 끝나 갈 때쯤 이미 유산의 절반이 없어졌습니다. 그러자 이대로 낭비하며 살다가는 머지않아 가난뱅이가 될 것이라는 생각에 마음이 울적해졌답니다. 그래서 2년 후에는 남아 있던 재산의 4분의 1을 소비했습니다. 하지만 여전히 엄청난 양의 돈이 남아 있었죠. 그는 재산을 다시 한 번 헤아려 보았답니다. 그리고 3년째 되는 해에는 현재 재산의 6분의 1만 쓰기로 했습니다. 그는 계획대로 실행했죠. 여러분도 짐작하듯이 그 나름대로 절약하고 살았지만 워낙 재산이 많았기 때문에 믿기 어려울 정도로 풍족한 삶을 살았답니다. 왕의 식탁에는 진귀한 음식과 비싼 술이 넘쳐 났습니다. 그동안 그는 나이가 더 들고 또 세월과 함께 좀 더 성숙해졌죠. 그리고 이제까지 자신이 누렸던 기쁨이 진정한 삶이 될 수 없다는 것을 깨닫게 되었습니다. 하지만 갑자기 삶의 방식을 바꿀 수는 없는 노릇이므로 점차적으로 삶을 변화시키고자 했습니다. 그래서 4년째에는 남아 있는 재산의 8분의 1을 소비하고, 5년째에는 남아 있는 재산의 10분의 1을 소비했죠. 지금의 재산은 처음과 비교하면 엄청나게 줄었지만 아직도 헤아릴 수 없을 만큼 많은 궤짝에 금화가 가득 들어 있답니다. 그렇게 계속 조금씩 절약해 감에 따라 그의 내면은 점점 풍요로워졌죠. 여러 해 동안 나라를 다스린 후 죽음의 병상에 누웠을 때 그는 이전의 호사스러웠던 생활을 깊이 후회했습니다. 그러고는 남겨진 재산, 즉 그가 아버지로부터 상속받은 재산의 10분의 1이 되는 보화를 그 나라의 가난한 자들에게 나누어 주도록 유언했답니다."

프리츠는 이야기를 들으면서 감동적인 내용뿐만 아니라, 이전에는 허랑방탕했으나 이제는 선한 군주가 된 왕이 얼마나 오랫동안 나라를 다스렸는지 생각해 보았다.

"100을 π로 나누면 약 31년이 되지요."

누군가 중얼거렸다.

여러분은 무화과주를 그렇게 많이 마시고 나서도 이런 문제를 계산해 낼 수 있나요?

모험 45

구슬 던지기 게임

프리츠와 아부는 축제가 무르익어 가면서 피곤함을 느꼈다. 두 사람은 북적거리는 마을 광장을 벗어나 야자수 아래의 부드러운 모래밭에 누워 곧 잠이 들었다. 다음 날 아침 햇볕 때문에 눈을 떴을 때 마을 사람들 거의 절반이 두 사람 주위를 에워싸고 있었다. 그들은 이야기를 나누기 위해 두 사람이 일어나기를 기다리고 있었던 것이다. 잠에서 깬 프리츠와 아부는 그들과 함께 이야기를 나눈 뒤 그중 한 남자가 아침 식사에 초대하자 흔쾌히 수락했다. 식사 후 두 사람은 호수에서 수영을 하고 있었는데, 마을의 소년과 소녀가 한 명씩 와서는 다양한 색의 구슬 중 몇 개를 주며 모래에서 구슬 던지기 게임을 하자고 졸랐다. 아부가 프리츠에게 게임 규칙을 설명해 주었다.

각자 일정한 수의 빨강 · 파랑 · 노랑 구슬을 받아 세 가지 색의 구슬 2개씩을 약 10m 떨어진 야자수를 향해 던진 뒤 각 색깔별로 가장 가까이 던진 구슬을 평가하는 것이었다. 세 가지 색의 구슬을 합한 거리가 가장 짧은 사람이 게임에서 이기게 된다. 물론 두 번째로 짧은 사람은 2등이다. 이긴 사람은 게임 전에 배당받게 되는 빨강 구슬 모두와 파랑 구슬 1개, 노랑 구슬 1개를 덤으로 받게 되고, 파랑 구슬 모두와 빨강 구슬 1개, 노랑 구슬 1개를 덤으로, 그리고 노랑 구슬 모두와 빨강 구슬 2개를 덤으로 받게 된다. 2등은 그가 이제까지 갖고 있던 빨강 구슬 모두와 파랑 구슬 1개를 덤으로, 파랑 구슬 모두와 노랑 구슬 1개를 덤으로, 그리고 노랑 구슬 모두와 빨강 구슬 1개를 덤으로 받게 된다. 3등은 그가 지녔던 구슬들을 갖고, 그 다음 사람들은 자기가 가진 구슬을 1등과 2등에게 공평히 내놓는다. 만일 이 공평한 분배가 정확하게 되지 않는다면 꼴찌는 가능한 한 더 많이 내놓아야 할 것이다. 만일 특정한 색의 구슬이 없다면 그 색을 빌릴 수 있다. 이 구슬은 상을 분배할 때 고려되지 않고, 그전에 빌린 사람에게 되돌려줘야 하며, 자기 구슬이 하나도 없는 사람은 게임에서 빠져야 한다.

아부가 규칙을 설명하고 나자 게임이 시작되었다. 몇 번 게임이 돌아간 뒤 프리츠와 아부의 구슬이 더 가까운 곳에 던져졌으므로 두 사람은 점차 승부욕이 생겼다. 마침내 프리츠의 모든 색 구슬이 아부의 것과 개수가 같아졌다. 다음 게임에서 프리츠가 1등을 하고 아부가 2등을 했다. 또 그다음 게임에서는 정반대가 되었다. 다시 프리츠의 모든 구슬이 아부의 것과 같아졌다. 마지막에 두 사람은 각각 30개의 구슬을 갖게 되었다.

그중 빨강 구슬은 몇 개나 되는지 아세요?

모험 46

주말 시장

다음번 구슬 던지기 게임에서는 프리츠와 아부가 대부분 잃었다. 그리고 게임이 서서히 지루해질 즈음 함께 놀던 아이들은 자기들의 엄마가 밥을 먹으라고 찾으러 오자 내심 좋아했다. 아이들이 가고 난 후 두 사람은 호수에서 수영을 좀 하다가 야자수 그늘에 누워 낮잠을 즐겼다. 오후 늦게 아부가 마을 광장에서 열리는 주말 시장에 가 보자고 하여 그들은 시장으로 향했다.

그들은 상인들의 좌판을 지나면서 형형색색의 물건을 구경했다. 커다란 야자수 그늘에서 건장한 여인이 큰 몸짓에 목청을 돋우며 가축들의 가격을 부르고 있었다. 아부가 프리츠에게 통역해 주었다. 어린 닭은 2탈러, 작은 거위는 4탈러, 오리 새끼는 1탈러란다. 농부들이 값을 부르는 소리, 가축들의 파닥거리는 소리, 뚱뚱한 여인의 몸짓 등 시장의 시끌벅적한 분위기가 재미있어서 프리츠는 몇 시간을 구경해도 질릴 것 같지 않았다. 하지만 시장에는 또 다른 볼거리들이 많았으므로 다른 곳으로 이동했다.

늙은 남자 하나가 프리츠와 아부를 향해 반갑게 손을 흔들었다. 두 사람이 다가가자 그는 자기가 시장에 갖고 나온 가축들의 값을 말하며 사라고 했다. 어린 닭은 1탈러, 거위는 2탈러, 오리는 3탈러라고 했다. 잠깐 이야기를 나누고 헤어질 때 상인은 프리츠와 아부의 배에서 꼬르륵 소리가 나는 것을 듣고는 삶은 오리알을 주었다.

다음번에는 교활한 눈빛으로 쳐다보는 젊은 녀석을 만났는데, 그는 현란한 말로 어린 닭은 1탈러, 작은 거위는 3탈러, 어린 오리는 2탈러에 판다고 소리치고 있었다. 프리츠는 이제까지 지나쳐 온 세 명의 상인이 각기 다른 값을 부르는 것에 놀라며 자기의 수학적인 계산을 자랑해 보고 싶어 졌다.

"5탈러에 해당하는 1듀카트가 가득 든 자루 세 개를 갖고 있다면, 그리고 가장 작은 자루 속에 아직도 최소한의⋯⋯ 최소한⋯⋯."

프리츠가 더듬거리고 더 나아가지 못하자 그동안 프리츠에게 수학의 비밀을 조금 배운 아부가 말을 잇는다.

"가장 빵빵한 돈주머니에 가득한 듀카트의 최소한 5분의 4를 갖고 있다면 우리는 어린 닭, 오리, 거위를 일정한 수로 살 수 있어. 건장한 여인에게는 가장 무거운 돈주머니를 풀고, 늙은 남자에게는 중간 주머니를, 젊은이에게는 가장 작은 주머니를 풀어야 할 거야!"

모험 47

기가 죽은 프리츠

아부가 그동안 배운 실력을 발휘한 것에 대해 프리츠는 기뻐해야 하겠지만 자신보다 더 빨리 계산하여 은근히 샘이 났다. 그래서 다시는 이런 일이 발생하지 않도록 수학을 좀 더 열심히 공부해야겠다고 결심했다. 괜히 의기소침해진 프리츠는 아부가 자기 큰아버지네 음식점에서 아프리카를 통틀어 가장 맛있는 음식을 맛볼 수 있다고 목청을 돋우며 이야기하자 금세 기분이 풀렸다. 두 사람은 음식점을 찾아가 맘껏 식욕을 달랬다. 그리고 시장을 좀 더 둘러본 후에 다시 호수로 갔다.

호숫가에서 아이들 여섯 명이 구슬 던지기 게임에 열중해 있었다. 아부와 프리츠는 오전에 게임을 하고 나서 선인장 밑에 숨겨 두었던 구슬을 다시 꺼냈다. 한 시간 정도 열심히 게임을 하고 난 후 마을 아이 보보가 두 편으로 나누어 경기를 하자고 제안했다. 모두들 이 제안에 찬성했다. 아부의 누나 아부나는 두 편이 색깔마다 정확히 같은 수의 구슬을 갖고 시작해야 한다고 말했다. 하지만 어떤 아이도 자기 구슬을 다른 사람에게 주고 싶어 하지 않았기 때문에 아부나의 제안대로 두 편으로 나누는 것이 어려워 보였다.

모두들 둘러서서 장황하게 이야기를 늘어놓는 동안 프리츠와 아부는 아이들 각자가 갖고 있는 빨강 · 파랑 · 노랑 구슬의 숫자를 모래 위에 쓰면서 가능한 분배를 골똘히 생각했다. 아이들 중 하나는 조바심을 치다가 기다리는 것이 지루했던지 그냥 가려고 했다. 그때 프리츠가 아부에게 아이들 중 하나가 되었든 둘이 되었든 흥미를 잃고 돌아가면 문제는 간단히 해결될 것이라고 말했다. 그 순간 아부가 모두에게 소리쳤다.

"생각났어. 하지만 우리들 중 누군가가 자기 구슬을 가지고 가 버리면 나머지로는 모든 색의 구슬이 같은 수인 두 그룹을 만들 수 없어!"

아부의 말에 프리츠는 다시 한번 패배한 기분이었다. 나누는 문제에서뿐 아니라 오늘 아부가 여러모로 두각을 나타냈기 때문이다.

여러분도 아부처럼 민첩하게 계산할 수 있나요?

모험 48

과일을 사는 방법

하는 일 없이 빈둥거리는 것이 지루해진 아이들이 호수로 물장구를 치러 가자 프리츠와 아부도 호수에서 수영을 즐겼다. 물장구치기에서 프리츠가 아부를 이기자 울적했던 기분이 조금 풀렸다. 경쟁으로 인해 생긴 모든 갈등이 해소되고 나서 두 사람은 저녁을 먹으러 아부의 집으로 달려갔다. 다음 날 아침 아부의 아버지는 아들에게 바나나를 수확하는 것을 도와 달라고 했다. 프리츠도 돕겠다고 나섰다. 마음은 고맙지만 괜찮으니 대신 이웃 마을을 둘러보라고 하자 속으로 기뻤다. 말 나온 김에 행동으로!

이웃 마을을 향해 가면서 프리츠는 사람들이 친절하지만 언어적인 표현에서는 우물쭈물한다고 생각했다. 이런 현상은 이웃 마을에서 더 강했다. 마을에 도착하자 배가 고파진 프리츠는 과일 가게를 찾아갔다. 주인은 프리츠가 이해 못 할 언어로 큰 소리로 물건 값을 말했다. 프리츠가 조심스럽게 값을 다시 묻자 주인은 입을 비죽대며 웃을 뿐 그의 말을 이해하지 못했다. 할 수 없이 진열대 옆에 멋쩍게 서 있었더니 잠시 후에 뚱뚱한 여인이 아이들 다섯 명을 데리고 와서 오렌지 11개와 토마토 15개, 바나나 5개, 코코넛 6개, 수박 5통을 사고는 가게 주인에게 10탈러를 주고 갔다. '정말 멋진 곳이야. 그렇게 적은 돈으로 그 많은 과일을 살 수 있다니!' 프리츠는 흐뭇했다.

이번에는 머리에 물통을 인 젊은 여인이 가게 안으로 들어와 물통을 내려놓지도 않고 오렌지 9개와 토마토 11개, 바나나 3개, 코코넛 6개, 수박 1통을 꾸려 들고 주인에게 6탈러를 지불했다. 그리고 낙타를 탄 남자가 가게에 들러 낙타에서 내리지도 않은 채 오렌지 1개와 코코넛 1개, 토마토 5개, 수박 1통을 1탈러 7탈러셴(이곳에서 가장 낮은 화폐 단위로 10탈러셴이 1탈러에 해당한다)을 주고 갔다. 배고픈 프리츠는 오렌지 1개, 바나나 1개, 토마토 3개를 사고 싶은데 그에겐 1탈러밖에 없다.

이 돈으로 충분할까요?

모험 49

움막에서 뽀송뽀송하게 자고 싶어!

프리츠는 1탈러로 원하는 것을 충분히 얻었다. 그는 과일로 원기를 회복하고 나서 마을을 돌아다니며 구경했다. 이 마을은 아부가 사는 마을보다 조금 작은 편으로 흙으로 견고하게 지은 움막이 몇 채 있을 뿐이다. 주민들은 대부분 짐승 가죽으로 지은 움막에서 생활하고 있었다.

오후의 더위가 지나고 선선한 저녁 바람이 불어오면서 움막 앞은 점점 더 활기를 띠었다. 여인들은 옥수수 알을 발로 밟아 으깨어 넓적한 빵을 만들어 굽고 있었고 남자들은 여인들이 일하는 모습을 물끄러미 구경만 할 뿐이었다. 프리츠도 여인들이 빵 만드는 모습을 구경하느라 바람이 점점 거세지고 먹구름이 몰려오는 것을 알아채지 못했다. 첫 번째 천둥이 치고 나서야 상황을 파악하고 오늘 밤 밖에서 잠을 자다가는 비에 젖을 수도 있을 거라 생각하니 마음이 조급해졌다. 비라도 피할 수 있는 장소를 찾아야 할 것이다.

프리츠가 인기척이 느껴지는 움막을 발견하고 들어가니 젊은이가 손짓, 몸짓으로 숙박료를 지불해야 한다고 했다. 그가 기호를 사용하여 계산해 보여 준 것으로 프리츠는 움막에서 하룻밤 묵는 숙박료가 면적에 따라서가 아니라 부피에 따라서 계산된다는 것을 알게 되었다(1m^2 밑면에 2m 높이의 움막이 1m^2 밑면에 1m 높이의 움막보다 훨씬 유용할 것이므로 이 같은 계산이 더 타당할 것 같다). m^2당 하룻밤 숙박료는 1탈러셴이라고 한다. 그사이에 모든 움막이 다 나가고 하나만 남았는데 이 움막은 보기에 형편없지만 방수가 잘되어 있다고 했다.

움막은 삼각으로 된 밑면에 피라미드 모양으로 지어져 있었다. 움막의 앞면은 길이가 200cm이고 거의 수직으로 놓여 있었다. 그런데 밑면은 뒤 모퉁이로 향해 가면서 경사가 져 총 10cm가 기울어져 있었다(밤에 자다가 프리츠는 이 구석으로 굴러 갈 것이 뻔하다). 기울어진 뒤쪽의 구석은 수평으로 쟀을 때 입구에서 130cm 떨어져 있으며, 입구의 중간에서 바로 맞은편에 놓여 있었다. 그리고 155cm 높이의 수직으로 뻗은 움막의 합각 기둥이 움막 중앙에 좌우 균형을 이루며 서 있어서 프리츠에게 방해가 되기도 했다. '돈을 주고 이런 움막에서 자다니 정말 유감이야.' 하지만 밖에는 곧 빗방울이 떨어질 기세였다.

밖에서 비를 맞고 자는 대신 뽀송뽀송한 움막에서 하룻밤 자는 대가로 프리츠는 몇 탈러셴을 지불해야 할까요?

모험 50

마을 상인을 돕다

숙박료를 지불하자마자 굵은 빗방울이 후드득 떨어지기 시작했다. 프리츠는 급히 움막 안으로 들어가 다사다난했던 하루를 마무리하고 녹초가 되어 깊은 잠에 빠져들었다. 다음 날 눈을 떴을 때는 해가 푸른 하늘 높이 떠 있었다. 배가 밥을 달라는 신호를 보내왔지만 그의 호주머니는 지난밤 숙박료를 지불하느라 거의 텅 비었다. 불쌍한 프리츠는 할 수 없이 아무것도 먹지 못한 채 아부의 마을로 터벅터벅 걸어갔다.

하지만 추장 집에 도착하자 프리츠는 반숙의 타조알을 곁들인 왕의 식탁과 같은 아침을 대접받았다. 게다가 몇 탈러를 선물로 받았다. 프리츠는 돈이 생기자, 마침 단추가 떨어진 윗옷에 맞는 하얀 단추와 실, 바늘을 사러 갔다. 보물 상자 찾기에서 프리츠의 활약상을 이미 들어 알고 있는 데다가 영어도 매우 잘하는 상인은 아프리카도 많이 달라졌다고 말했다. 예전과는 달리 이젠 단추나 바늘, 실 등을 낱개로 팔지 않고 유럽과 미국의 회사들이 제조한 세트만 있다고 했다.

'바느질 세트'라고 부르는 제품은 훤히 비치는 플라스틱 통 속에 위생적으로 포장되어 있었다. '실과 실 사이'라는 독일 회사는 바늘 1개, 실꾸러미 4개, 색단추 9개, 하얀색 단추 16개를 묶어 한 세트로 만들었고 '연방 단추'라는 미국 회사는 바늘 1개, 실꾸러미 3개, 검은색 단추 2개, 하얀색 단추 4개를 한 세트로 만들었다. 또 '형제 바늘'이라는 스위스 회사는 바늘 1개, 실꾸러미 1개, 검은색 단추 1개, 하얀색 단추 1개로 실속 있게 포장했다.

상인은 오랜 장사 경험으로 마을 주민들이 가정용 바느질 세트를 실제로 얼마나 많이 사용하는지 평가해 보았다. 그의 말로는 수년간 가정에서 바늘 하나에 실꾸러미 2개와 검은색 단추 3개, 하얀색 단추 4개를 사용한다는 것이었다. 재미 삼아 그는 프리츠에게 앞에서 언급한 세 회사에 각각 일정한 수의 바느질 세트를 주문해서 모든 세트의 내용물을 종류대로 분리하면 바늘과 실꾸러미, 검은색 단추와 하얀색 단추를 마을 사람들이 필요한 대로 맞출 수 있을 것이라고 했다. 프리츠는 펜을 들고 종이에 원하는 양과 조달할 수 있는 양을 써 나갔다. 그런데 상인이 단호한 목소리로 말했다.

"그게 아닌데!"

물론 이 대답이 맞는 것인지 틀린 것인지 그에게도 분명하지 않았다.

여러분은 프리츠가 쓴 종이를 보고 복잡한 숫자놀이를 하지 않고도 재빨리 그리고 무엇보다 확실하게 대답할 수 있나요?

모험 51

크리스털 공의 비밀

상인은 프리츠의 설명에 별로 만족스러워하지 않았다. 프리츠는 그의 기분을 북돋워 주기 위해 상점 안에 차곡차곡 쌓여 있는 귀한 것들을 둘러보며 감탄했다. 자루마다 가득 들어 있는 이국적인 향신료에서는 매혹적인, 특히 동양을 떠올리게 하는 향내가 풍겨 나왔다. 아름답게 채색된 주석으로 만든 찻주전자와 찻잔, 예술적으로 조형된, 러시아의 물 끓이는 주전자인 사모바르를 보자 탈러로 가득한 돈주머니가 있었으면 하는 욕심이 생겼다. 하지만 이런 생각은 갑작스럽게 찾아드는 것처럼 금방 사라진다. 프리츠는 헛된 생각을 떨치고 다른 물건들을 구경했다.

화려하게 색칠된 크리스털 공이 그의 눈길을 끌었다. 크리스털 공을 살펴보니 2개의 공이 서로 겹쳐져 있었다. 안쪽의 공은 부드러운 파스텔 색조로 지구를 나타낸 것이었다. 지구에는 대양, 대륙, 섬과 그 밖의 것들이 그려져 있었고 위도와 경도가 표시되어 있었다. 바깥쪽 구형에는 아주 작은 그림들이 그려져 있었다. 그림에는 갈기가 멋진 사자가 누워 있고 들소가 풀을 뜯으며, 다른 쪽에는 돌고래가 헤엄을 치고, 위에는 에스키모가 빙산 사이에서 열심히 노를 젓고 있다. 작은 남쪽 섬에 있는 야자수 한 그루는 바람에 휘어져 있고, 코끼리가 초원을 걸어가며, 거센 바람에 돛단배가 앞으로 미끄러져

나가고 있다. 또 다른 곳에서는 증기 기관차와 공장에서 끔찍한 연기가 뿜어져 나오고 있다. 한쪽으로 기울어진 탑도 여러 나라의 볼거리들 옆에 그려져 있고, 맨 밑에는 펭귄이 양반 폼을 잡으며 걸어가고 있었다.

낱낱의 그림들을 살펴보는 게 쉽지 않아서 피곤에 지쳐 갈 무렵, 프리츠는 이 각각의 그림들이 아무 규칙 없이 그려진 게 아니라는 사실을 깨닫게 되었다. 바깥쪽 공에 그려진 많은 수평선과 수직선은 경도와 위도를 표시하고 있으며, 바깥쪽 공과 안쪽 공이 상응하는 위도와 경도에 맞추어 공을 서로 겹치면 북극곰은 시베리아에서 살고, 영양은 아프리카에서 살며, 돛단배는 홍콩 앞에서 떠다니고, 공장은 독일에서 연기를 뿜어내고, 기울어진 탑은 피사 쪽을 향해 있었다. 크리스털 공에는 마을 아이들에게 지리를 인상적이면서 시각적으로 가르치기 위한 교육적인 목적이 가득했다.

그런데 안쪽 공을 조금 느슨하게 바깥 구형과 맞추자, 펭귄이 남해에서 헤엄치는 모습이 나타났다. 이 교육 프로그램의 목적이기도 한 인내심을 기르는 게임으로, 모든 그림이 해당되는 나라들에 바르게 맞추어지도록 안쪽 구형을 여러 방향으로 조금씩 움직이는 것이었다.

“한번 해 보게!”

상인이 말했다.

“그러면 인내심이 커질 거야.”

그의 말이 끝나기가 무섭게 프리츠는 공을 들어 흔들어도 보고 기울여도 보고 두드려도 보고 돌려도 보았다. 안쪽 공은 돌아가지만 프리츠가 원하는 대로 되지는 않았다. 계속 시도해 보다가 최소한 바깥쪽 공의 그림 하나는 정확히 안쪽 공에 그려진 나라나 바다에, 즉 그 그림이 지리학적으로 속한 곳에 놓인다는 사실을 알고 프리츠는 깜짝 놀랐다.

여러분도 놀랍지 않으세요?

모험 52

진주 목걸이 상

프리츠는 자기가 발견한 것에 대해 놀라지 않았다. 왜냐하면 그 원인이 곧 그를 울적하게 만들었기 때문이다. 흔들어 보고 밀어 보고 그림을 그에 합당한 나라에 맞추려는 그의 노력이 별 도움이 안 되었다. 한번은 에스키모가 아프리카에서 흔들거렸고, 캥거루가 아이슬란드에서 껑충거리는가 하면, 돛단배가 시베리아에서 떠다녔다. 마침내 그는 기분이 상하여 포기해 버렸다. 상인이 순식간에 이 예술품을 정확히 맞추었어도 프리츠의 마음은 풀리지 않았다.

프리츠는 상한 자존심을 만회하려고 자기가 새로이 발견한 것에 대해 이야기하며 우쭐해했다.

"아저씨가 안쪽 공을 몇 번 돌리고 나서 각각 어떤 축을 중심으로, 그리고 어떤 각도로 돌렸는지 말해 주면, 난 보지 않고도 안쪽 공의 정확한 위치에 놓인 그림의 경도와 위도를 알아맞힐 수 있어요."

상인은 프리츠의 말에 믿을 수 없다는 표정을 감추지 않았다. 그리고 만일 프리츠가 정말 알아맞힌다면 상으로 진주 목걸이를 주겠다고 약속했다.

상인은 판매대 위에 놓아둔 각도기를 집어 들고 프리츠가 공을 보지 못하도록 돌아서서 재빠르게 안쪽 공을 북남축 주위로 한 번 돌리고 회전 각도로 왼쪽으로 60°를 측량했다. 그리고 능숙하게 흔들어서 안쪽 공을 바깥 구형에서 경도 0°와 위도 0°를 통과하는 새 회전축 주위로 왼쪽으로 돌렸다. 아까처럼 완전히 맞지는 않았다. 그래서 이제 각도기가 단지 30°를 가리켰다. '이쯤 해도 알아맞히기 어려울 거야.' 상인은 속으로 생각하며 프리츠에게 축과 각도를 말해 주었다. 그리고 프리츠에게 연필과 종이를 주고는 그가 지우고 새로 쓰면서 땀을 흘리며 계산하는 모습을 지켜보았다.

여러분도 이 문제로 땀을 흘리게 될까요?

모험 53

가축 분배

프리츠는 땀에 젖도록 골몰하여 문제를 풀다가 드디어 해답을 알아냈다. 상인은 프리츠의 이러한 모습을 보고, 또 그의 답이 정확한 것을 확인하고는 머리를 흔들며 놀라워했다. 하지만 프리츠가 모두 다섯 번에 걸친 실수 끝에 정답에 도달했다는 사실은 다른 이들에게 공개되지 않았다. 아무튼 프리츠는 정답을 맞힘으로써 약속한 대로 진주 목걸이를 받았는데 처음 보았을 때보다 훨씬 값어치 있어 보였다.

프리츠는 상인과 조금 더 이야기를 나누다가 문밖에서 소란스러운 소리가 들려오매 무슨 일인가 하고 밖을 내다보았다. 몰이꾼이 사방에서 몰고 오는 가축 떼가 마을로 몰려들고 있었다. 이 기이한 일에 대한 소문이 마른나무에 불붙듯이 마을로 퍼져 나갔다. 촌장이 프리츠의 도움으로 찾게 된 보물을 팔아 암탉과 양, 염소를 사서 마을 사람들에게 나누어 주기로 했다는 것이다. 가축들을 어떤 방식으로 공평히 분배할 것인지에 대해서도 입에서 입으로 순식간에 퍼져 나갔다.

마을 사람들은 각자의 암탉 한 마리당 두 마리를 더 받게 되고, 양은 한 마리당 두 마리를 더 받는 데다가 염소 한 마리와 암탉 한 마리를 덤으로 받게 되었다. 양에 대해 덤을 주는 이유는 아프리카에서 인조실이 인기를 얻게 되면서 양모가 많이 남아돌게 되어 양을 키우던 농민들이 최근에 큰 손실을 입은 것을 조금이라도 보상해 주려는 배려에서였다. 마을 사람들이 키우는 염소에 대해서는 한 마리당 한 마리만 더 받게 되는데 여기서는 염소가 특히 귀한 가축이기 때문이다. 그리고 염소를 받게 되는 사람들은 오늘 밤 열리는 축제를 위해 암탉을 한 마리씩 기증해야 했다(이것은 마을 사람들 모두가 최소한 염소 수만큼 암탉을 키우고 있기에 가능한 일이었다). 하지만 프리츠는 이런 분배가 그리 공평하다고는 보지 않았다. 왜냐하면 이전에 많은 가축을 키우던 사람들은 가난한 사람들보다 훨씬 많은 가축을 받게 되기 때문이다.

프리츠가 한 소농을 만났는데 그는 암탉 4마리, 양 4마리, 염소 4마리를 기르고 있었다. 그는 이제 모든 종류대로 12마리씩 받게 된다며 얼굴빛이 환했다. 이에 반해 암탉 100마리, 염소 100마리를 소유한 부농은 가축의 종류에 따라 단지 두 배로 늘어날 뿐이라며 불평을 토로했다. 프리츠는 그의 말에 공감할 수 없었다.

"소농은 자신이 소유한 가축의 세 배로 불릴 수 있고, 부농은 정확히 두 배를 갖게 될 것이오."

촌장은 프리츠에게 이렇게 말하고 다음과 같이 질문했다.

"마을 주민 중 자신이 가지고 있는 암탉, 양, 염소의 수를 두 배 반으로 늘릴 수 있는 사람도 있을까요?"

오늘 상인과의 내기에서 이겨 기분이 좋은 프리츠는 잠시 머릿속으로 계산한 후에 다음과 같이 대답했다.

"아니요, 그럴 수 없어요. 하지만 양의 수가 염소의 수보다 적은 경우에는 정확히 다음의 방식으로 나누어질 수 있지요." (우리는 프리츠의 말에서 그의 수학적인 사고방식을 금방 알아챌 수 있다.)

"가축을 두 무리로 나누면 첫 번째 무리의 암탉과 양, 염소의 수는 두 배가 될 것이고, 두 번째 무리의 가축은 각각 세 배가 될 것입니다!"

모험 54

꿈꾸는 프리츠

상인은 자신의 가축을 예로 들어 보고 나서야 프리츠의 주장이 사실임을 알게 되었다. 하지만 이에 대해 오래 이야기할 수는 없었다. 왜냐하면 젊은이든 꼬부랑 노인이든 마을 주민들이 모두 소리를 지르며 가축이 있는 데로 몰려들었기 때문이다. 이 혼란을 진정시키기 위해서 촌장은 엄한 경고를 여러 번 해야 했다. 어쨌든 마침내 가축이 모두 분배되고 마을 사람들은 만족스러워했다. 달이 높이 떠올랐다. 물론 이제는 축제가 시작될 시간이다. 춤추고 노래 부르고 마시는 가운데 시간은 쏜살같이 지나갔다.

프리츠와 함께 축하 분위기에 젖어 있던 아부가 무화과주에 적당히 취해서는 보름달이 뜬 이 밤에 구슬치기를 하자고 했다. 곧 몇 명이 모여들고 게임이 시작되었다. 게임에 몰두한 프리츠는 세 번 연달아 2등을 했다. 1등은 계속 바뀌었기 때문에 프리츠가 구슬을 가장 많이 따게 되었다.

게임이 끝난 후 프리츠와 아부는 마을 호수로 가서 달아오른 열기를 식혔다. 피곤해진 그들은 소란스런 축제 분위기에서 좀 벗어나 야자수 아래 누웠다가 곧 잠에 빠져들었다. 프리츠는 오늘 밤의 일들, 특히 구슬치기에서의 성과를 즐거운 마음으로 회상하다가 꿈까지 꾸게 되었다. 꿈에서 그는 빨강 구슬 1개, 파랑 구슬 2개, 노랑 구슬 3개로 구슬치기를 시작했는데 매번 2등을 했다. 그래서 수천 번의 게임이 끝난 후에 프리츠 앞에는 각각 빨강 · 노랑 · 파랑 구슬로 쌓인 커다란 산들이 만들어지고 마을 사람들이 모두 그를 보고 경탄하는 것이었다.

프리츠가 꿈속에서 본 세 개의 산은 몇 개의 구슬로 이루어졌을까요?

모험 55

꿈에서 깨어나다

갑자기 귀가 멍멍해지도록 큰 소리가 나더니 빨강 · 노랑 · 파랑 구슬들이 프리츠에게 덮쳐 와 그는 구슬 속에 묻혀 버렸다. 불쌍한 프리츠는 숨이 막혀 허우적대다가 눈을 뜨게 되고, 모든 것이 꿈이었다는 것을 깨닫고는 안도의 숨을 내쉬었다. 아부도 근처의 자갈 채석장에서 들려오는 시끄러운 소리에 잠에서 깨었다. 둘은 재빨리 호수로 달려가 신 나게 물장구를 치고 나서 꼬르륵거리는 배를 달래기 위해 마을로 돌아왔다.

식사를 하면서 프리츠는 아부에게 고향에 대한 이야기를 들려주었다. 친구 카를과 함께 체험한 일들과 카트린과의 관계도 털어놓았다. 그러다가 아프리카로 되돌아와서 아까 꾸었던 꿈 이야기를 했다. 두 사람은 일상의 꿈에 대한 주제로 이야기를 나누게 되었다. 프리츠는 어릴 적 악몽을 자주 꾸었다고 말하고, 아부는 어렸을 때 음식으로 가득한 식탁에 앉아 배부르게 먹는 꿈을 자주 꾸었다고 했다. 아부의 꿈 이야기는 프리츠의 마음을 슬프게 했다. 지난 몇 년 사이에 이 지역의 상황이 많이 좋아졌다는 아부의 말에도 프리츠는 슬픈 마음을 완전히 가라앉힐 수 없었다. 두 사람은 잠시 각자의 생각에 빠져들었다. 아부가 침묵을 깨고 프리츠의 꿈에 대해 이야기했다.

"프리츠, 네가 1,000번을 이긴 승자가 되는 꿈을 꾸었다고 생각해 봐. 그러면 빨강 · 노랑 · 파랑 구슬 더미가 엄청날 거야. 네가 그 셀 수 없는 구슬 속에 파묻혔다면 결과는 예측할 수 없을 거야."

그렇다, 프리츠는 운이 좋았던 것이다.

그러면 이 세 가지 색상의 구슬은 프리츠의 꿈에서보다 몇 배나 더 많을까요? (문제를 좀 쉽게 하기 위해 힌트를 주면, 결과를 1‰로 정확히 산출하면 된답니다.)

모험 56

활쏘기 연습

화제를 바꾸어 재미있는 일이 없을까 생각했다. 그때 아부가 집에 활 2개가 굴러다니는 것을 생각해 냈다. 두 사람은 아부의 집에서 활을 가져와 어떻게 쏘는지도 모르면서 화살과 활을 짊어지고 마을의 담 북서쪽 모퉁이로 갔다. 이곳은 벽이 나무판으로 덮여 있어서 마을 사람들이 활쏘기 연습장으로 종종 이용하는 장소였다. 모퉁이는 바닥이 평평하지 않고, 보기에도 불규칙적으로 마을 쪽으로 경사져 있었다. 이 움푹 팬 조그만 모퉁이는 꾀 많은 마을 주민들이 의도적으로 만들었는데, 여기에 서면 목표점을 맞히는 것이 평평한 곳보다 쉽지 않다.

프리츠는 목표점을 맞히기 위해 열을 내어 연습하는 반면, 여기서 여러 번 활을 쏘아 본 아부는 좀 지루해했다. 그는 별 흥미 없이 북쪽 벽을 향해 직선으로 쏘고는, 두 번째 화살을 집어 들고 같은 장소에서 서쪽을 향해 휙 소리를 내어 화살을 날렸다. 동시에 그는 두 개의 화살이 두 벽에 같은 높이로 꽂힌 것을 확인했다. '이건 우연일 거야!'라고 생각하면서 아부는 자기가 선 자리를 바꾸어서 똑같은 방법으로 여러 번 화살을 쏘았다. 그런데 북쪽 벽에 꽂힌 화살은 같은 자리에서 서쪽 벽을 향해 쏜 화살의 위치와 매번 같은 높이였다.

프리츠도 아부의 특이한 결과를 주시하며, 그가 활과 화살을 언제나 동시에 조종하는 것을 관찰했다. 그는 화살을 땅바닥(여러분은 이 바닥이 마을 쪽으로 경사져 있다는 것을 기억할 것이다)과 평행으로 하여 같은 높이에서 계속 잡았으며, 단지 화살 끝이 한 번은 정확히 북쪽을 향하고, 두 번째는 정확히 서쪽을 향했다. 프리츠도 매번 화살이 양 벽에 같은 높이로 꽂히는 것을 놀라운 표정으로 바라보았다. 프리츠가 더 놀란 것은 아부가 몇 분 후 침묵을 깨고 한 말 때문이었다.

"원인은 마을 사람들이 꾀를 부려 지면을 파 놓았기 때문이야. 예를 들어 네가 북쪽 벽에서 3m, 그리고 서쪽 벽에서 2m 떨어져 서면, 네가 북쪽 벽에서 1m, 그리고 서쪽 벽에서 2, 3m 떨어졌을 때와 같은 높이에 있는 거지."

프리츠는 물론 아부의 말에서 2와 3의 숫자를 다른 숫자로 대치할 수 있다는 것을 알아챘다. 하지만 어떻게 아부의 계산이 맞는 것인지 한동안 이해할 수 없었다.

여러분은 아세요?

모험 57

유능한 사냥꾼 연습

아부의 피부색이 그렇게 까맣지 않았다면 그의 뺨이 놀라운 발견에 대한 기쁨과 흥분으로 빨갛게 달아오른 것을 보았을 것이다. 이제 그는 이 움푹한 곳을 둘러싼 마을 사람들의 비밀스런 설계안을 캐내기로 마음먹었다. 그는 먼저 배를 바닥에 평평히 대고 활과 화살을 손에 잡았다. 연구하는 자세로 북쪽을 똑바로 바라보다가 움푹 들어간 곳에서 마을의 벽을 향해 정확하게 규칙적으로(약 10% 경사로) 올라간 것을 발견했다. 이제 분명해진 것은(여러분에게도 명확해졌겠죠?) 그가 어떤 다른 장소에서 북쪽이나 서쪽을 바라보더라도 유사한 것을 체험하리라는 점이다.

이 같은 사실을 이전에는 간과했다는 것에 아부는 조금 화가 났다(하지만 움푹한 곳은 매우 불규칙적으로 경사져 있기 때문에 이 같은 사실을 서서 간파하기란 쉽지 않다). 아부는 화를 가라앉히기 위해 목표점을 정하지 않고 화살을 여기저기에 마구 쏘아 댔다. 아부가 마구잡이로 쏘아 대는 사이에 프리츠는 목표점을 더 잘 겨냥하고 정확히 맞힐 수 있는 방법을 의식하며 열심히 연습했다. 아부가 했던 대로 배를 바닥에 깔고 엎드려 자신이 마치 유능한 사냥꾼이나 된 것처럼 느끼기도 했다. 하지만 화살은 목표점에서 멀리 빗나갔다. 이때 아부가 화살을 하나 쏘았다. 날아간 화살은 마을 벽의 바닥에서 3m 높이에, 정확히 북서쪽 모퉁이에 꽂혀 달달거리고 있었다. 화살을 빼내려면 사다리가 필요했다. 아부가 사다리를 가지러 간 사이에 프리츠는 자기의 화살로 아부의 화살을 맞히려고 했다. 화살은 서쪽 벽에서 4m, 북쪽 벽에서 3m 떨어져 있으며 프리츠의 의도가 불가능한 것은 아니었다. 그래서 그는 머리카락 굵기의 오차도 발생하지 않도록 오랫동안 정신을 집중하여 목표를 겨냥했다.

프리츠는 땅바닥에서 어떤 각도로 화살을 잡아야 할까요?

모험 58

오두막 지을 장소 찾기

"제기랄!"

모든 노력과 집중에도 화살이 목표에서 멀리 빗나가자 프리츠는 기분이 상했다. 사다리를 가지고 돌아온 아부는 프리츠의 탄식 소리를 듣고는, 이제 활쏘기가 재미없으니 수영이나 하러 가자고 했다.

"마을 호수에서 물장구치는 것도 이제 싫증 나!"

프리츠가 시큰둥하게 대답했다. 그러자 아부는 비밀에 가득 찬 표정을 지었다.

"마을에서 남쪽으로 3km 떨어진 곳에 멋진 강이 있는데, 하얀 모래사장이 있고 대추야자나무로 둘러싸여 있어!"

아부의 말에 프리츠의 얼굴이 빛났다. 두 사람은 곧장 그곳으로 달려갔다.

"환상적이야!"

강에 다다르자 프리츠가 감탄했다. 강은 긴 강줄기를 지나 정확히 동서 방향으로 흐르고 있었다.

"우리 여기 자주 오자. 뗏목도 만들고, 물고기도 잡고……."

이 멋진 강에서 하고 싶은 것들이 끝도 없이 흘러나왔다. 마침내 그들은 일주일에 두 번 이곳에 와서 무엇인가를 해 보기로 했다. 프리츠는 여섯 시간 이상 자 본 적이 언제였는지 기억이 안 날 정도로 마을의 소란스러움 때문에 고통받고 있었고 조용한 곳을 그리워하던 터였다. 하지만 마을에서 무슨 일이 벌어지는지 알고 싶었으므로 너무 오랫동안 마을을 떠나 있고 싶지는 않았다.

프리츠는 아부의 도움으로 초원에 아름답고 편안한 오두막을 하나 지으려 했다. 오두막은 프리츠가 매일 걷게 될 동선을 가능한 한 짧게 하는 장소에 세워야 할 것이다. 일주일에 두 번은 강에, 또 두 번은 마을에 가 보고, 매주 일요일에는 마을에서 동쪽으로 4km 떨어진 곳에 있는 교회의 예배에 참석할 것이다. 프리츠는 최근에 촌장에게 선물받은 마을 지도를 펼쳐 놓고 아부와 함께 오두막을 지을 적당한 장소를 물색했다.

여러분은 오두막을 지을 장소로 어디가 좋을 거라고 생각하세요?

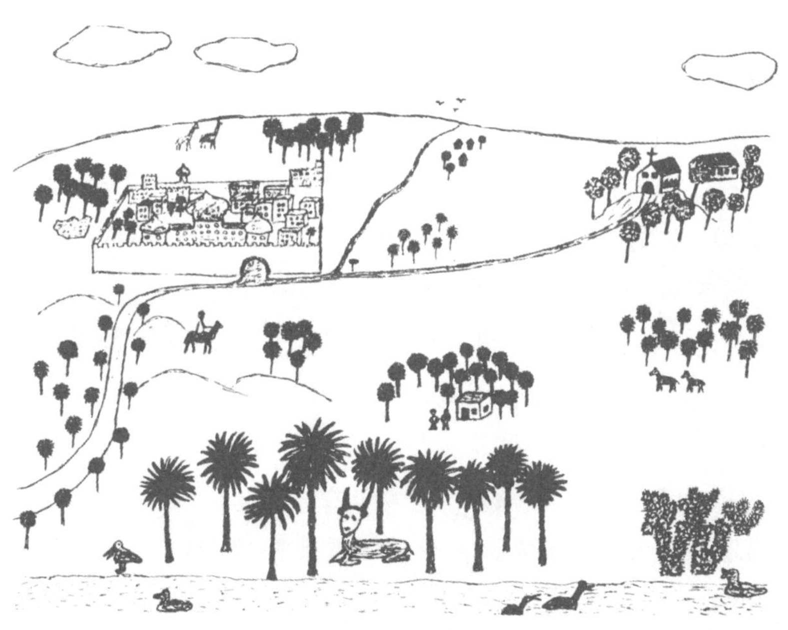

모험 59

계곡 때문에 수포가 된 계획

"여기다! 동선이 가장 짧은 곳은 바로 여기야!"

프리츠가 지도 위의 한 곳을 표시했다.

"맞아!"

아부도 동조했다.

"하지만 유감이야. 거기엔 계곡이 있어서 장마철이 되면 너는 오두막과 함께 물에 휩쓸려 갈 거야. 일단 강에 가서 수영을 하고 나서 네가 표시해 놓은 그 지점에서 가장 가까우면서도 장마철에 위험하지 않은 장소를 찾아보자."

수영 후 강을 떠나기 전, 프리츠는 음식이 필요하다는 생각을 떠올렸다. 아부가 대추야자나무에 능숙하게 기어 올라가 열매들을 따서 밑으로 던졌다. 프리츠는 아부의 나무 타는 솜씨를 부러워하며 밑에 떨어진 열매들을 주워 모았다. 그러고 나서 두 사람은 지도에 표시한 지점과 지리학적으로 같은 거리까지 강을 따라 걷다가 북쪽으로 접어들었다. 2km를 걷고 나자 아부의 이마에 근심 어린 주름살이 늘어났다.

"네가 지도에 표시해 놓은 장소 가까이에 왔어. 더 가면 은신처를 지을 수 없어. 장마철에 오두막은 목욕통에 뜬 배와 같이 위험해질 거야. 그러니 이 자리에 오두막을 짓자!"

"글쎄, 이곳은 전망이 별로인데."

프리츠가 망설였다. 왜냐하면 이 지역은 자갈밭에다 식물이라고는 가시나무와 엉겅퀴뿐이었다.

"우리가 지금 서 있는 곳을 지도에 표시한 다음 여기서부터 매주의 동선이 같은 곳을 지도에 사방으로 표시해 보자. 그리고 지도를 들고 이 선을 따라 내려가면서 가장 좋은 집터를 찾는 거야!"

"좋았어!"

아부도 동의했다. 둘은 자갈밭에 앉아 선들을 함께 표시해 갔다.

여러분은 이 지도를 보고, 아부와 프리츠가 선을 표시해 갈 때 큰 실수를 하게 된 이유를 생각해 보세요!

모험 60

집터를 찾는 프리츠와 아부

시간이 흐르긴 했지만 자신들이 얼마나 바보 같았는지 알아차리는 데는 그리 오래 걸리지 않았다. 그리고 지도에 잘못 표시된 길을 재빨리 수정했다. 그러는 사이에 배가 고파진 그들은 대추야자 열매를 순식간에 먹어 치웠다. 그리고 프리츠는 너무 지쳐서 이제 더는 걷고 싶지 않았으므로 여기서 하룻밤 자고 가자고 아부를 졸랐다. 곧 작은 불을 피우고 밤을 지낼 준비를 하는데 달빛이 초원을 흐릿하게 비추었다. 그림자 윤곽들이 조금 무섭게 느껴졌지만 시끌벅적한 마을에서 떨어져 이런 모험적인 분위기를 즐기는 것도 나쁘지 않았다. 피곤에 지친 두 사람은 자리에 눕자마자 잠이 들었다.

다음 날 아침 이슬이 두 사람을 잠에서 깨웠다. 먹을 것이 아무것도 없었으므로 적합한 집터를 찾아 표시된 선들을 둘러보기 위해 재빨리 길을 나섰다. 그런데 어느 방향으로 가야 좋을지를 놓고 의견이 나뉘었다. 프리츠는 시계 방향, 아부는 시계 반대 방향을 고집했다. 다툼이 아무래도 끝이 날 것 같지 않자 아부가 제안했다.

"내가 내는 문제를 네가 10초 안에 풀면 네 의견에 따르고, 못 풀면 내 의견에 따르도록 하자."

프리츠가 동의했다.

"세 형제가 있었는데 아버지가 지키지 않으면 첫째는 둘째를, 둘째는 셋째를 실컷 때려서 시퍼렇게 만들었어. 하지만 첫째와 셋째는 함께 놔두어도 아무 일이 없었지. 어느 날 아버지가 세 아들과 함께 강을 건너려고 하는데 배에는 단지 두 사람만 태울 수 있었어. 아버지가 아들들이 모두 얻어맞지 않도록 하려면 배를 타고 강을 몇 번이나 왔다 갔다 해야 할까?"

프리츠는 오늘따라 머리 회전이 잘 안 되는지 답을 맞히는 데 11초가 걸렸다. 그래서 두 사람은 아부가 제안한 방향으로 걸어갔다.

여러분은 두 사람이 밤을 보냈던 자리에서 정확히 어느 방향으로 가는지 아세요?

모험 61

또 다른 일거리

"잠깐, 여기에 오두막을 지으면 좋겠다!"

한참을 말없이 걷던 프리츠가 침묵을 깼다. 아부도 이 장소에 매료된 듯했다. 몇 그루의 야자수가 그늘을 만들어 주었고 몇몇 열대 식물이 꽃을 피우고 있었다. 오두막을 세우기에 적당한 딱딱한 땅바닥 옆에는 부드러운 모래밭이 있어서 금상첨화였다.

"프리츠, 지금 우리 아저씨 집으로 달려가서 집 짓는 데 필요한 연장을 낙타에 실어 오자. 그리고 식사도 좀 하고."

아부의 제안에 두 사람은 벌써 아저씨 집을 향해 달려가고 있었다.

아저씨 집은 강가에서 가까운 곳에 있었다. 아저씨는 가축이 더 불어나 담장을 짓기 위해 초원으로 나가고 없었다. 잠시 후 아저씨가 돌아왔다.

"마침 부르려고 했는데 왔구나. 너희들 도움이 필요하단다."

아저씨가 반가이 맞아 주었다.

"기꺼이 도와 드리지요."

프리츠는 이렇게 말했지만 마음은 별로 내키지 않았다. 하지만 아저씨가 해야 할 여러 가지 일을 설명하자 두 사람은 곧 열심히 아저씨를 도왔다.

커다란 목장은 사각형으로 담장이 쳐져 있었으며, 초원의 한 모퉁이로 강이 흘렀는데 목장의 세로 면으로 60° 각도로 흘렀다. 아저씨는 이미 도시에서 100m 담장을 새로 지을 만한 재료를 구해 왔다. 이것으로 염소 목장과 양 목장을 각각 하나씩 만들려고 한다. 두 목장은 삼각형의 모양이 될 것이며, 첫 번째 면은 기존 목장의 한쪽 면을 이용하고, 두 번째 면은 강으로 경계가 지어지게 되며, 가축들이 물을 먹기에 공간이 충분하도록 각 목장의 길이가 최소한 60m는 되어야 한다. 그리고 각 목장의 세 번째 면은 새로 지어야 하는 곳이다. 그러면 두 목장이 모두 활용 공간을 가장 크게 확보하기 위해서는 두 면의 담장을 어떻게 지어야 할 것인가? 프리츠와 아부는 아저씨의 이 끔찍이 어려운 질문을 받고는 배고픔을 잊어버릴 만큼 해답을 찾는 데 열중했다.

여러분도 함께 답을 찾아보겠어요?

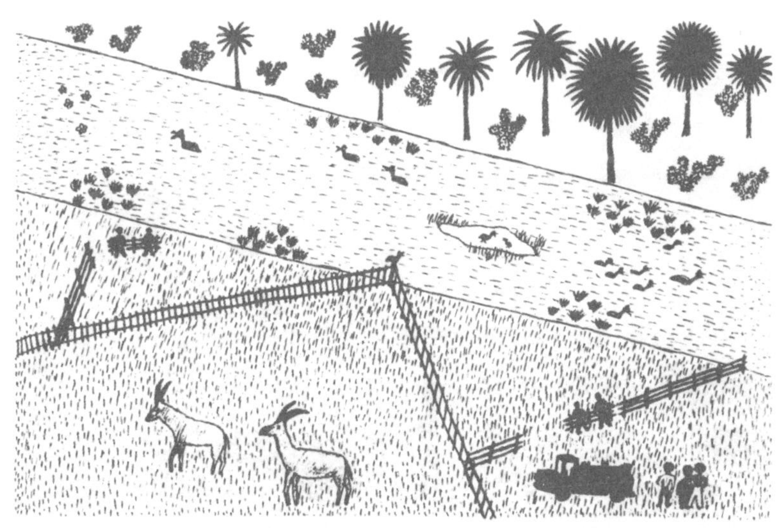

모험 62

흙 실어 나르기

골똘히 생각한 결과 마침내 아저씨에게 담장을 세워야 하는 곳에 대해 의견을 말했다. 기분이 매우 좋아진 아저씨는 두 사람을 식사에 초대했다. 식사 후 차를 마시면서 프리츠와 아부는 오두막을 지으려는 계획을 털어놓았다. 아저씨는 연장과 낙타를 빌려 주겠다고 약속하고 좋은 제안을 덧붙였다.

"다음 주에 아는 목수가 널빤지를 가져오기로 했는데 그것으로 너희들 오두막을 충분히 지을 수 있을 거야!"

두 사람은 매우 기뻐하며 그때까지 집짓기를 미루기로 했다. 실리적인 아저씨는 빈 시간을 그냥 흘려보내려고 하지 않았다.

"집을 짓기 전까지 심심할 텐데 널빤지 값이라도 벌 수 있으면 좋지. 강가에 제방을 쌓으려면 흙이 필요한데, 마침 요즈음 마을 안 궁터 주위에 흙이 많이 쌓여 있단다. 낙타 수레로 흙을 실어 나르겠니?"

사실 두 사람은 이 일이 썩 내키지 않았다. 맘껏 빈둥거리며 놀아보고 싶었기 때문이다. 하지만 오두막을 짓는 데 필요한 널빤지를 주겠다는 아저씨의 선심을 생각하니 그 일을 못 하겠다고 할 수는 없었다.

그들은 수레에 몸을 싣고 활쏘기 연습장이 있는 궁터 주위로 향했다. 수레에는 1m의 흙을 담을 수 있었다. 흙더미는 매우 컸는데, 이전에 완전히 편편한 수평이었던 바닥에서 8m 반지름의 북서쪽 모퉁이 주위의 4분의 1의 땅이 파헤쳐졌다(모험 56과 57에서 이야기한 것처럼, 푹 들어간 지형으로 인해 활을 쏘기가 어렵도록 고안된 것이다).

프리츠와 아부는 낙타 수레로 강가까지 흙을 몇 번이나 실어 날라야 할까요?

모험 63

보트 만들기

마지막 수레에 흙을 담아 강가까지 옮기고 난 저녁 무렵에 그들은 땀으로 흠뻑 젖어 있었다. 지쳐서 거의 쓰러질 지경이었다. 물론 이날 밤 다른 일은 생각할 수조차 없었다.

다음 날 아침 프리츠는 잠을 깨우는 아부의 말에 잠이 달아나고 얼굴에 생기가 돌았다.

"강에서 가까운 곳에 큰 나무가 쓰러져 있는 걸 봤어. 속은 거의 반이나 썩었어. 썩은 부위를 긁어내면 멋진 통나무배가 될 거야! 우리 해 볼까?"

"물론이지."

프리츠가 대답하며 침대에서 가볍게 뛰어내렸다.

한 시간 후 그들은 연장으로 무장하고 나무 옆에 서 있었다. 그리고 톱질하고, 대패질하고, 자르고, 구멍 뚫고, 나무를 파냈다. 나뭇조각이 사방으로 흩어졌다. 그들은 나무 가운데를 둥글게 파낼 뿐만 아니라 바깥쪽도 둥글게 다듬었다. 그래야 물에서 잘 미끄러져 나가는 법이다. 이틀간 공을 들인 결과 4m 길이에 1/2m 폭의 길고 잘 다듬어진 타원형 보트가 완성되었다. 보트를 통과하는 모든 횡단면은 반원의 형태였다.

"휴, 시험 때도 이렇게 힘들게 노력한 적이 없었는데."

마침내 배가 완성되었을 때 프리츠가 한숨을 내쉬며 한 말이었다.

"이제 보트를 강으로 끌고 가자."

아부가 재촉했다.

"내일, 내일 하자. 오늘은 이것으로 충분해."

프리츠가 지친 표정으로 대꾸했다.

"봐, 이 보트가 얼마나 무거운지. 적어도 20킬로그램은 될 거야."

"좋아, 내일 하자."

아부도 하품이 나왔다.

다음 날 아침 그들은 먼저 아부의 아저씨네로 가서 5일간 먹을 음식을 챙겨 왔다. 두 사람은 며칠 동안 보트를 타고 다닐 생각이었다. 필요한 것을 모두 챙기고 보니 직접 들고 갈 수가 없어 아저씨의 낙타 등에 실었다. 나중에 낙타를 돌려보내기 위해서 아부의 동생도 데리고 길을 나섰다. 그런데 보트가 있는 곳에 도착하고 보니 그들의 마음에 의문이 생겼다.

"우리가 가져온 음식물과 잡동사니들은 20킬로그램은 족히 나갈 거야. 그리고 이 무거운 보트에 우리 둘까지 탄다면…… 괜찮을까?"

그들은 보트가 너무 무거워지지 않을까 걱정되었다. 지난 이틀 동안 적게 먹고 일을 많이 했다 할지라도 둘의 몸무게를 합치면 120kg은 나간다. 그들의 모든 꿈이 바닥으로 가라앉을 것인지, 아니면 짐을 실은 보트의 난간이 최소한 수면 위로 5cm는 올라올 것인지를 놓고 두 사람은 머리를 맞댔다.

여러분은 어떻게 생각하세요?

모험 64

사라진 진주

"성공이야!"

프리츠와 아부가 기쁨에 겨워 소리쳤다. 짐을 모두 싣고 그들이 보트에 탔는데 배가 물속으로 많이 가라앉지 않은 것이다. 그들은 온몸으로 노를 저었다. 바람이 점점 거세지고 물살이 여러 번 보트 바닥으로 흘러들기도 했지만 다시 견딜 만한 물결로 변했다. 강은 얕은 데가 많아서 물속에서 보트를 힘써 밀어야 할 때도 종종 있었다.

저녁 무렵 작은 섬에 도착하여 불을 피우고 직접 잡은 생선을 구워 먹었다. 프리츠는 피곤해 쓰러질 지경이었지만 아부는 달빛을 받으며 계속 나아가자고 졸랐다. 결국 오랫동안 두 사람에게 잊지 못할 항해가 시작되었다. 또 다른 작은 섬을 지나쳐 가다가 배가 모래에 처박혀 꼼짝도 하지 않자 오늘의 항해는 여기서 닻을 내렸다.

다음 날 호기심에 찬 펠리컨의 날갯짓 소리에 잠에서 깨어난 프리츠와 아부는 펠리컨과 수영 경기를 한 후에(물론 졌지만) 따뜻한 모래 위에 누워 햇살을 즐기며 시장기를 달랬다. 그런 다음 다시 항해를 계속했다. 노 젓고 먹고 수영하고 잠자는 가운데 시간은 화살처럼 흘러갔다. 눈 깜짝할 사이에 한 주가 끝나자 다시 아부네 아저씨의 집으로 돌아가야 했다.

"아, 이제야 제대로 된 잠자리에서 잠을 자는구나!"

프리츠는 푹신한 침대에 들자마자 잠이 들었다. 다음 날 아침 그들은 다시 활쏘기에 관심을 가졌다. 다음번 보트 여행 때는 직접 사냥을 해서 바비큐를 해 먹자고 했기 때문에 프리츠는 더 열심히 연습을 해야 했다. 두 사람은 마을 성벽 북서쪽 모퉁이로 달려가 활쏘기 연습을 했다. 두 시간이 지난 뒤 재미가 없어지자 씨름을 시작했다. 마침내 프리츠가 지쳐서 바닥에 드러눕자 갑자기 아부의 얼굴에 수심이 가득 찼다.

"어떡해, 진주를 잃어버렸어!"

둘이 씨름을 하는 동안 아부의 반지에서 진주가 빠져나간 것이다. 반지는 오랫동안 대를 이어 장자에게 상속되어 온 것인데 그 귀한 유물을 잃어버렸으니 아부의 심장은 터질 것 같았다.

"함께 모래 속을 뒤져 보자! 우리가 씨름했던 활 쏘는 연습장에서 잃어버린 진주를 찾을 수 있을 거야. 꼭 찾을 거야!"

프리츠는 확신에 찬 목소리로 아부를 위로했다. 물론 이 더위에 보물찾기가 즐거운 일은 아니었다. 경사진 땅을 모두 손가락으로 더듬어야 하니 힘든 작업일 것이다.

그들은 몇 m^2나 샅샅이 뒤져야 할까요?

모험 65

구멍 난 보트

"야호!"

아부와 프리츠가 동시에 진주를 발견하고는 한목소리로 내뱉는 감탄사였다. 거의 한 시간 동안 바닥을 뒤졌으며 이제 궁터가 질릴 지경이었다. 두 사람은 통나무배를 보러 가기로 했다. 보트는 제자리에 놓여 있었다. 재빨리 물로 끌고 가서 올라탔다. 느긋하게 노를 저으며 항해를 즐기는데 발가락이 이상하게 시원한 느낌이 들었다. 배 바닥에 미세하게 물이 스며들었던 것이다. 불길한 예감이 다음 몇십 분 동안 현실로 드러났다. 보트가 물에 잠긴 것이다. 강가로 끌고 가는 것 외에 달리 방도가 없었다.

보트를 육지로 끌어올린 다음 통나무 두 개를 발판으로 하여 배를 뒤집어서 그 위에 올렸다. 통나무의 두께가 같았기 때문에 배는 정확히 수평으로 놓였으며, 배의 긴 축이 북서쪽을 가리키고 있었다. 그들은 배의 몸체를 샅샅이 살폈다.

"이 지역에는 아프리카의 나무 벌레가 많은데 내 생각에는 그 벌레들이 우리 보트에 구멍을 낸 것 같아. 벌레들은 건축물에 눈으로 알아보기 힘들 만큼 작은 구멍을 내거든. 우리 보트에서 물이 들어온 구멍을 찾기가 쉽지 않을 거야."

정말 구멍 찾는 일은 힘들었다. 그 지역 시간으로 오후 2시 59분이어서 날씨가 매우 더운 데다가 오늘 태양은 이곳에서 최고점에 있었다. 좀 전에는 잃어버린 진주를 찾느라 모래 속을 온통 뒤지지 않았던가! 그런데 이번에는 보트에 나 있는 구멍을 찾아야 한다니……. 그들은 신경이 예민해졌다. 프리츠는 1분 동안 찾다가 더 견디지 못하고 포기했다. 뒤집힌 보트 밑의 시원한 그늘에 눕고 싶은 마음뿐이었다. 아부가 불평하는 소리에도 아랑곳하지 않고 프리츠는 통나무배의 시원한 그늘 속으로 들어갔다. 그런데 이게 웬일인가! 가는 햇살이 프리츠의 얼굴뿐만 아니라 보트 밑의 어두컴컴한 곳까지 비춰 주는 것이 아닌가. 바로 그 순간 태양은 나무 벌레가 식사를 해결한 그 자리 위에 수직으로 떠 있었다. 그래서 태양 광선이 구멍을 통과해 통나무 아래로 스며든 것이다.

여러분은 구멍이 어디에서 발견되었다고 생각하세요?

모험 66

악어의 먹잇감

아부는 불평하던 것도 금세 잊어버리고 이렇게 쉽게 구멍을 찾아낸 것을 매우 기뻐했다. 그는 곧장 흙덩이를 가져와 구멍을 메웠다. 활활 타오르는 태양이 틈새기에 메운 흙을 단단히 굳힐 것이다.

"내일이면 돌처럼 단단해질 거야. 그러면 다시 항해를 시작할 수 있어."

아부가 장담했다. 그러면 그때까지 이곳에 머물러야 하는데 무슨 재미있는 일거리가 없을까 생각하다가 아부가 신 나는 모험을 제안했다.

"프리츠, 여기서 5킬로미터 떨어진 곳에 막힌 하천 지류가 있는데 거기에 악어가 살고 있어. 한번 보러 갈까?"

프리츠는 얼굴빛이 창백해지고 발꿈치까지 소름이 돋는 듯했다. 그는 더듬거리는 목소리로 몇 마디 말을 내뱉을 뿐이었다.

"그러면 우리가 수영을 하던 그 강에도 악어가……?"

"그곳에서는 이미 멸종되었지."

아부가 프리츠를 안심시켰다.

결국 그들은 악어를 보러 가기로 결정했다. 가는 도중에 아부는 예전의 식민지 시대에 만들어 놓은, 줄로 된 다리로 강을 건널 수 있다고 말했다. 그곳에 도착하여 프리츠는 먼저 조심스럽게 악어들을 관찰했다. 진흙 속에 태만히 누워 있는 괴물들을 발견하기까지는 시간이 좀 걸렸다. 악어를 발견한 순간 뙤약볕에도 불구하고 그의 등줄기에 소름이 쫙 끼쳤다.

아부는 다리에 관심이 더 많았는데, 이 다리는 쇠로 된 줄 두 개가 평행을 이루고 있으며 줄 사이에 수없이 많은 가는 쇠줄이 서로 연결되어 있었다. 줄은 강의 양쪽 해안가에 있는 야자수 밑동에 고정되어 있었다(양쪽의 고정 위치는 강 수면에서 3.50m, 양쪽으로 19m 떨어져 있었다). 그리고 거기에 세워져 있는 표지판에 줄다리의 길이와 무게가 적혀 있었다. 다리의 중간 부분은 물론 밑으로 많이 처져 있었다. 아부는 다리를 건너가 보고 싶어 했다. 프리츠는 여전히 두려워했다.

"내가 다리 중간 정도 가면 다리가 밑으로 더 처질 거야. 그러면 어떻게 되는 거지? 악어가 뛰어올라 내 다리를 물어당기면……?"

여러분은 굶주린 악어가 사시나무 떨듯 하는 프리츠를 잡아먹기 위해서는 얼마나 높이 뛰어올라야 하는지 아세요? (60kg 나가는 프리츠의 몸은 여러 마리의 굶주린 악어를 만족시킬 수 있겠죠?)

모험 67

오두막 짓기

아부는 프리츠가 무서워하는 모습을 보고 은근히 비웃었다. 프리츠는 아부에게 비웃음을 당하느니 차라리 악어 떼에게 잡아먹히는 두려움이 낫겠다고 생각했다. 그는 마음을 단단히 먹고 조심스럽게 다리에 발을 내디뎠다. 한 걸음씩 조심스럽게 흔들리는 다리를 걷다가 프리츠는 악어들이 그에게 별 관심을 보이지 않는 것을 알아차렸다. 그러자 좀 더 용기가 생겼다. 악어들 사이에서 살 수 있을 정도로 능숙해지자 이 일도 지루해졌다.

시간이 남자 그들은 아저씨네 농가로 달려갔다. 아저씨는 밝은 얼굴로 그들을 맞아 주며 오두막을 짓는 데 필요한 널빤지가 도착했다고 말했다. 두 사람은 오두막을 지을 생각에 흥분되어 밤에 거의 잠을 이루지 못할 정도였다. 다음 날 여명에 벌써 낙타 두 마리에 짐을 가득 싣고 집 지을 장소를 향해 떠났다. 그곳에 도착하여 하루 종일 톱질하고 대패질하고 망치질하고 저녁에는 기진맥진해져 깊은 잠에 곯아떨어졌다.

다음 날 아침 다시 일이 시작되고, 그날 정오쯤에야 널빤지가 지붕을 덮기에 부족하다는 사실을 알고는 실망했다.

"미리 계산했어야 하는데. 아무 생각 없이 짓기 시작했으니……."

프리츠가 한숨을 쉬었다. 아부는 마을에서 멀지 않은 곳에 넘어져 있는 나무가 있는데 그것을 목수에게 잘라 달라고 부탁하자며 프리츠를 위로했다.

나무는 거의 원처럼 둥그렜다. 목수는 자기의 기계톱을 자랑하며 나무를 평행하게 세 번 잘라 네 토막의 널빤지를 만들겠다고 했다. 그러고는 곧장 나무를 톱 아래로 집어넣었다.

"잠깐만요!"

프리츠가 외쳤다. 그는 지붕을 이을 때 서로 다른 무게 때문에 오두막이 역학적으로 기울어지는 일이 없으려면 모든 널빤지의 무게가 같아야 한다고 당부했다. 그러자 목수는 어디서부터 잘라야 할지 멍해졌다.

여러분이 목수라면 어떻게 하겠어요?

모험 68

통나무배의 수리

마침내 목수가 나무를 톱질하여 널빤지를 낙타에 실었다. 성급한 두 건축가는 아직은 초라한 그들의 궁전으로 돌아와 조심스럽게 널빤지를 오두막의 네 벽으로 끌어 올렸다. 그리고 비가 와도 오두막 안으로 물이 스며들지 않도록 진흙과 이끼로 벽의 틈새를 메웠다. 다음 날 오두막의 내부 공사는 대부분 아부네 아저씨의 도움으로 이루어져 마침내 오두막이 완성되었다.

저녁에 마을의 소년 소녀 들을 집들이에 초대했다. 그들은 다음 날 해가 중천에 떠오를 때까지 먹고 마시고 놀고 춤추고 노래했다. 아부가 강으로 가자고 제안하자 모두들 흔쾌히 찬성했다. 그들은 아부와 프리츠가 만들어 놓은 통나무배로 달려가 서로 타려고 야단법석이었다.

한참을 놀다가 햇볕 아래 누워 휴식을 취했다. 몇 명은 피곤했는지 잠에 빠져들고, 프리츠도 눈이 감겼지만 아부의 누나인 아부나와 함께 통나무배를 타려고 일어섰다. 그런데 아이들이 보트 주위에서 한바탕 씨름을 한 탓인지 배의 위쪽 난간이 여기저기 떨어져 나갔다. 프리츠는 저녁에 마을의 상점에 가서 부드러운 금속 띠를 사다가 배의 난간을 수리해야겠다고 생각했다. 하지만 아부나와 보트를 타는 동안 배 수리에 대해 거의 잊어버렸다. 그리고 그가 오랫동안 카트린을 잊고 있었음을 떠올렸다. 보트를 타고 돌아와 기다리고 있던 아이들과 함께 마을로 갔다. 그런데 멍청하게도 프리츠는 배의 난간을 수리하는 데 필요한 금속 띠를 사려면 배의 길이를 재어야 한다는 것을 생각하지 못했다.

여러분은 프리츠가 몇 m의 띠를 사야 하는지 아세요?

모험 69

모래 언덕에서 아부나와 함께

프리츠는 넉넉하다고 생각되는 길이의 금속 띠를 골랐다. 그러고 나서 저녁을 해결하기 위해 볼로의 집으로 몰려간 친구들을 뒤쫓아 갔다. 그가 도착했을 때 마침 커다란 들통에 사슴고기를 넣고 끓인 맛있는 죽이 모락모락 김을 내며 들어오고 있었다. 모두들 만족스러울 만큼 배를 채웠다. 그리고 피곤과 배부름으로 거의 쓰러질 정도가 되어 잠자리에 들었다.

다음 며칠간 아부는 수확하는 아버지를 도와 드려야 했다. 프리츠는 함께 돕겠다는 말을 하지 않은 채 아부나의 상황을 살폈다. 그녀는 지난주에 들에서 일을 많이 했기 때문에 지금은 쉬는 중이었다. 벌써 둘의 마음이 통했다. 보트를 수리하여 항해를 떠나자는 것이었다. 프리츠는 아직 가 보지 않은 곳으로 가고 싶었다. 며칠간 먹을 음식과 필수품은 이미 준비해 둔 터였다. 프리츠는 야릇한 눈초리로 그들을 바라보는 아부에게 간단히 작별 인사를 했다.

또다시 탐험이 시작된 것이다. 이번에는 더욱 설레고 흥분되었다. 두 사람은 천천히 노를 저어 그곳을 빠져나왔다. 프리츠는 이상하게 마음이 동요되어 스스로도 알 수 없는 감정에 사로잡혔다. 아부나도 아무 말이 없었다. 몇 시간의 항해 후 강 한가운데 있는 섬에서 쉬어 가기로 했다. 여기서 수영을 조금 한 뒤 모래 언덕에 앉아

쉬었다. 발은 물에 잠겨 있었다. 프리츠의 마음에는 아부나에게 하고 싶은 말이 산처럼 쌓여 있었다. 그녀와 단둘이서 통나무배를 타고 떠나온 일, 얼마 전부터 그의 심장이 이상하게 두근거린다는 것 등 하고 싶은 이야기가 많았다. 하지만 한마디도 입에 올릴 수 없었다. 엉뚱한 날씨 이야기만 했다. 지금쯤 독일은 날씨가 흐릴 거라고 했다. 아부나는 독일에서는 사람들이 어떻게 생활하느냐고 물었다. 하지만 프리츠에 대해서는 한마디도 물어보지 못하는 자신에게 은근히 화가 났다.

프리츠는 여러 가지 이야기를 해 주었다. 예를 들어 지난해 방학 때는 한 달간 일을 해서 1,400마르크를 벌었는데 그중 240마르크를 세금으로 떼였다고 했다. 하지만 연말 정산 때 그동안 낸 세금을 모두 돌려받았다는 이야기는 음흉하게도 쏙 빼놓았다. 아부나는 이 마을에서는 촌장이 얼마 전에 세금을 농산물로 거두었다고 말했다. 닭을 10마리 가진 사람이 1마리를 세금으로 냈으며 20마리를 가진 사람도 1마리만 냈다는 것이다. 그러자 프리츠가 아부나에게 독일의 세금 정책에 대해 설명했다.

"우리나라에서는 더 공평해. 내가 공사장에서 일했을 때 우리 팀에 몇 명의 동료가 있었는데 그들은 직업 교육의 정도에 따라 월급도 각기 달랐어. 한 명은 1,500마르크의 월급을 받아 265마르크를 국가에 세금으로 바치고, 두 번째 친구는 1,700마르크를 받아서 320마르크를 내고, 세 번째 친구는 1,800마르크에 350마르크, 네 번째 친구는 2,000마르크에 415마르크를 국가에 헌납했지. 이렇게 많이 번 사람은 더 많은 세금을 내야 하는 거야. 이것을 세금 급수라고 해."

마지막 말은 불필요한 것이었다. 그것은 아부나의 고향에서도 최근에 행해지고 있었기 때문이다. 하지만 아부나는 독일에서 부자들이 실제로 세금을 얼마나 내는지 상상하기가 힘들었다.

"그러면 한 달에 2,000마르크를 버는 사람이 그 두 배를 벌게 된다면 세금으로 얼마를 내야 하는 거지?"

이 물음에 프리츠는 정신이 번쩍 들었다.

여러분이 곤경에 빠진 프리츠를 도와줄 수 있나요?

모험 70

계곡 한가운데의 호수

세금과 같은 어려운 주제는 오랜 시간 이야기할 화젯거리가 아니다. 이야깃거리가 떨어진 건지 다시 두 사람 사이에 침묵이 흘렀다. 프리츠와 아부나는 서로 침묵하면서 상대에게 말해 줄 재미있는 이야기를 생각해 내려고 애썼다. 하지만 누구도 침묵을 깨지는 못했다. 그리고 또한 둘 사이에 말이 필요 없었다. 주위의 고요한 풍경이 저녁 노을과 함께 점점 희미해지고 그들은 서로에게 예민해졌다. 어느 순간 둘의 손은 서로 포개져 있었다. 그렇게 그들은 말없이 한동안 앉아 있었다. 여러분이 그곳에 있었다면 반짝이는 그들의 눈빛을 보았을 것이다. 시간은 순식간에 흘러갔다. 아부나가 물었다.

"이제 가야 하지 않아?"

그리하여 두 사람은 그곳에 추억을 남기고 일어섰다.

달빛이 은은하게 비치는 저녁에 그들은 가져온 음식을 먹었다. 프리츠는 좀 더 강 깊숙이 들어가면 낭만적이지 않을까 생각했다. 친절한 아부가 그들에게 준 지도를 살펴보니 여기서 멀지 않은 깊은 계곡의 한가운데에 호수가 있었다. 그리고 이 지역에는 위험한 들짐승은 없다고 했다. 두 사람은 아프리카의 조용한 밤에 편안히 노를 저어 갔다.

마침내 흐릿한 윤곽 속에 계곡이 나타났다. 저 아래로 호수가 달빛을 받아 은빛으로 반짝이고 있었다. 그들은 용감하게 보트 밖으로 나가 차가운 물 속에 잠겼다. 프리츠는 잘 다듬어진 둥근 통나무를 가져와서(벌목꾼이 벌써 다듬어 놓은 것으로 4m 길이에 10cm 두께였으며, 단지 밑동에 4개의 잘린 가지 끄트머리가 나와 있었는데 가지는 각각 10cm 길이에 5cm 두께 정도였다.) 무게가 20kg 나가는 그 나무를 물속으로 끌고 들어갔다. 그들은 서로 먼저 이 나무를 타고 호수로 가겠다고 하다가 함께 타고 노를 저어 가는 것이 더 낫겠다는 생각이 들었다. 하지만 같이 타고 가다가 둘이 모두 나무에서 떨어져 물속으로 곤두박질쳤다.

프리츠는 이제 잘린 네 잔가지를 밑으로 하고 나무를 수직으로 호수 깊숙이 박고자 온 힘을 쏟다가 나무가 1m 물 밖으로 나왔을 때 손을 놓았다. 나무는 쉬잇 소리를 내며 공중으로 몇 m 솟아올랐다가(네 잔가지가 약간의 브레이크 역할을 했다 하더라도) 다시 떨어졌다. 프리츠는 올림픽 경기에 참여한 선수처럼 공명심에 가득 차서 이번에는 나무 전체를 물속으로 밀어 넣으려고 했다. 하지만 이 일은 유감스럽게도 혼자의 힘으로는 성공하지 못해 아부나의 도움을 받았다. 그녀의 도움으로 나무 전체를 물속에 집어넣는 데 성공했다. 하지만 솟아나오려는 나무를 밑으로 눌러 대는 두 사람의 근육이 거의 마비되면서 나무는 수직으로 위를 향해 솟구쳐 올라 경솔한 두 사람의 머리 위 가까이 떨어졌다. 그래도 두 사람은 큰 사고가 나지 않은 것을 다행으로 여겨야 했다. 왜냐하면 나무가 물 밖으로 놀랍도록 높이 솟구쳐 올랐기 때문이다.

얼마나 높이 솟아올랐을까요?

모험 71

프리츠의 담력 시험

프리츠와 아부나는 호수에서 물장구치며 노는 것에도 점점 싫증이 났다. 수건을 가져오지 않아 몸이 약간 언 듯했다. 그들은 보트 있는 곳까지 힘차게 달려가 침낭 속으로 쏙 들어간 뒤 곧 잠이 들었다. 하지만 그들의 마음이 감미로운 감정으로 가득하여 둘 다 깊은 잠을 자지는 못했다. 다음 날 아침 늦지 않게 깨어나 수학 문제가 없는 편안한 하루를 즐겼다. 그리고 그다음 날 프리츠의 마음이 약간 무거워졌다. 이번 주가 가기 전에 아부와 함께하기로 한 일이 떠올랐기 때문이다. 그래서 둘은 그만 마을로 돌아가기로 결정했다.

프리츠는 아부에게 눈을 반짝이며 그들이 겪었던 일을 이야기해 주었다. 아부는 호수에서 두 사람이 겪은 이야기를 듣고는 배가 아프도록 웃었다.

며칠 후 프리츠는 다시 호수로 갔다. 이번에는 아부와 함께였다. 아부는 만약을 위해 보트에 준비해 놓은 길고 굵은 밧줄을 가져갔다. 뙤약볕이 내리쬐는 낮 동안 둘은 수영을 하며 보냈는데, 아부는 호수 위로 우뚝 솟아 있는 마디가 많은 큰 나무를 발견하고는 가져온 밧줄을 떠올렸다. 그는 날렵하게 나무로 기어올라 수면 위로 6m 되는 높이의 굵은 나뭇가지에 밧줄을 묶어 그 끝을 프리츠에게 던졌다. 프리츠는 아부가 시키는 대로 손에 밧줄을 잡고는 계곡을 기어올랐다. 오르는 중에 거의 수직으로 아래를 향해 비탈져 있으나 옆에서는 잘 기어오를 수 있는 작은 암벽 돌출부를 가리켰다. 프리츠가 이곳에서 약간 주춤하고 밧줄을 팽팽히 잡아당기면서 보니까 약 6m 떨어진 밧줄의 다른 쪽 끝의 높이와 자신이 같은 위치에 있음을 알게 되었다.

"이제 밧줄을 꽉 잡고 공중으로 떨어지는 거야. 그리고 네가 물 바로 위에 있다 싶으면 줄을 놓는 거야."

아부가 이처럼 야만스런 제안을 하는 것이었다. 뙤약볕이 내리쬐는 더위에도 불구하고 프리츠는 이빨이 덜덜 떨렸다.

"무서워하지 마. 나도 방금 여기서 다이빙했는데 수심이 아주 깊어서 아무 일도 없을 거야!"

아부가 프리츠를 격려했다. 아부의 말에도 프리츠는 이 모험이 전혀 위험하지 않다는 확신이 서지 않았다. 이제 아부는 비열한 방법으로 프리츠의 마음을 헤집었다.

"아부나가 너의 이런 겁쟁이 같은 모습을 보면 어떻게 생각할까?"

아부의 말을 듣고 보니, 엄청나고 끔찍한 모험에 자신을 내맡기는 것이 정말 어리석은 짓이라는 것을 확신하지만 공명심이 그의 이성을 짓눌렀다. 그는 몸을 잔뜩 웅크리고 인상을 쓰면서 밧줄을 꽉 붙들고 죽을 용기를 내어 공중에 몸을 날렸다. 그가 이 모험의 심연에까지 다다르는 시간은 영원하게 느껴졌다. 그가 밧줄을 놓는 순간 커다란 분수가 그의 몸으로 쏟아졌다.

프리츠에게 영원처럼 느껴졌던 끔찍한 비행 시간은 실제로 몇 초나 걸렸을까요?

모험 72

새로운 시소놀이

프리츠는 몸무게를 실어서 제대로 물 위로 떨어졌다. 살갗이 많이 쓰리고 붉어졌지만 담력 시험의 합격에 우쭐해졌다. 나중에 아부나에게 하나도 빼지 않고 자세히 이야기할 생각이다. 물론 그가 무서워했던 부분은 생략할 것이고 아부도 이에 대해서는 침묵해 줄 것이다. 늘 재미있는 아이디어를 생각해 내는 아부는 프리츠의 용감한 행위를 축하했다.

프리츠가 이번에는 자기의 담력 시험의 증거인 밧줄과 강가 여기저기에 널려 있는 통나무로 작은 뗏목을 만들자고 했다. 뗏목은 프리츠의 용감함을 추억하는 기념비가 될 것이다. 얼마 후 두 사람은 완성된 뗏목에 누워 호수 위를 떠다니며 가져온 음식을 비우고 있었다. 한동안 멍하니 시간을 보낸 후에 다시 무얼 할까 고민했다. 탐험에 불타는 프리츠의 눈빛이 강가에 놓여 있는 통나무들에 꽂혔다.

"통나무로 시소를 만들자!"

프리츠의 제안에 아부도 흔쾌히 동의했다. 잠시 후 그들은 회전축으로 사용할 가늘고 둥근 통나무를 평균 해면(여기서는 호수의 검푸른 표면) 위로 족히 2m 되는 지점, 남쪽으로 호수 안으로 급격한 경사면의 가장자리에 놓았다. 이 회전축을 가로질러 단단하고 고르며 탄탄한, 10m 길이에 80kg은 족히 나가는 나무를 올려놓았다. 이렇게 하여 시소의 남쪽 부분은 잔잔한 호수 위로 흔들리게 되었다. 힘든 작업을 마친 두 사람은 잠깐 휴식을 취하고 시소타기를 시작했다.

성공이다! 둘 다 몸무게가 60kg으로 같았으므로 시소를 오래 타다 보니 변화를 주고 싶었다. 그래서 시소의 남쪽 부분이 북쪽 부분보다 회전축에서 20cm 더 떨어지도록 통나무를 조절한 다음 다시 시소에 올라탔다. 프리츠는 회전축에서 아직은 가로로 북쪽을 향해, 반면에 아부는 남쪽을 향해 흔들흔들 행진했다. '행진한다'는 표현은 좀 과장된 것인데 왜냐하면 밑에 놓인 받침 나무가 아주 가는 데다가 스스로 움직였기 때문이다. 그래서 둘은 균형을 잡으며 조심스럽게 살금살금 걸어갔던 것이다. 25cm 보폭의 한 걸음마다 1초가 걸렸다. 물론 시소는 천천히 남쪽으로 기울었는데, 그러다 점점 빨라지면서 마침내 남쪽의 끝부분이 호수 속으로 곤두박질했다. 동시에 아부는 차가운 물 속으로 멋지게 다이빙을 하고 프리츠는 모래밭으로 처박혔다.

둘은 떨어지기 전까지 시소 타는 재미를 얼마 동안이나 누렸을까요?

모험 73

사자 먹잇감이 될 위기에 처한 프리츠와 아부나

프리츠와 아부는 시소타기의 재미를 모두 맛본 듯했다. 게다가 프리츠는 열대의 햇볕으로 건포도처럼 수분이 메말라 있었기 때문에 아부가 있는 물속으로 뛰어들었다. 하지만 프리츠는 점점 말이 없어졌다. 섬세한 친구 아부는 프리츠가 아부나를 생각하고 있다는 것을 알아차렸다. 그래서 그만 집으로 가자고 했다. 프리츠는 아부가 이곳에 더 머물고 싶어 한다는 것을 알고 있었으므로 그처럼 자기를 배려해 주는 그에게 감격했다. 그리고 그의 마음은 기쁨으로 뛰었다. 두 사람은 나무와 바위 들을 지나 강가의 수풀에 숨겨 놓은 보트로 돌아왔다.

"서두르자. 얼른 올라타!"

뒤뚱뒤뚱 기어가는 거북을 관찰하고 있는 아부를 프리츠가 재촉했다. 프리츠가 왜 저렇게 서두르는지 알고 있는 아부는 조급해하는 그를 우스운 듯 바라보았다. 그 이유는 아부의 누나인 아부나에게 있지 않은가! 영리한 아부는 밤새워 노를 저어 가자고 말하며 둘러댔다.

"달빛 아래서 노를 저으면 무척 낭만적일 거야."

이 말에 프리츠는 매우 기뻐하며 친구를 덥석 껴안았다. 신실한 친구 아부가 프리츠를 위해 밤새워 항해하자고 한 뜻을 알기 때문이었다.

다음 날 저녁 늦게 마을에 도착한 두 사람은 녹초가 되었지만 매우 행복했다. 무엇보다 프리츠의 기쁨이 컸다. 그는 피곤함도 모르고 아부나에게 달려갔다. 그러나 큰 실망만이 그를 기다리고 있었다. 아부나는 원래 계획대로라면 모레 저녁에나 프리츠가 돌아오기로 되어 있었으므로 오늘 아침 가장 친한 친구이자 볼로의 누이인 볼루나, 그리고 볼로의 아버지와 함께 지프를 타고 사흘 예정으로 여행을 떠났다. 세 사람은 볼루나 친척의 결혼식에도 가기로 했다는 것이었다. 프리츠의 슬픈 눈동자와 축 처진 어깨를 본 아부는 친구를 위해 이렇게 말했다.

"볼루나 친척이 사는 농가를 알고 있어. 오늘은 그만 자고 내일 새벽에 떠나자. 모든 일이 잘 돌아가면 해가 중천에 뜨기 전에 그곳에 도착할 거야!"

아부의 말은 프리츠의 상처 입은 영혼에 스며드는 향유와도 같았다. 그리고 다음 날 오전 11시 59분에 프리츠는 아부나의 품에 안겼다.

오후에 집주인은 초원으로 드라이브를 하자고 제안했다. 거기엔 프리츠가 동물원에서나 볼 수 있는 동물들이 많다고 했다. 지프를 타고 가다가 야생 동물들을 잘 볼 수 있도록 초원의 어느 한가운데에서 차가 멈추었다.

"내 목소리가 들리는 범위를 벗어나면 절대 안 돼요!"

운전자가 경고했다. 그러나 프리츠와 아부나는 정신이 딴 데 팔려 있었으므로 경고의 소리를 듣지 못했다. 그러다가 골수까지 파고드는 사자 울음소리를 듣고는 끔찍한 현실에 직면하게 된 것을 알게 되었다. 둘은 소름끼치는 공포로 와들와들 떨었다.

그들이 타고 온 지프가 동쪽으로 3/4km 떨어진 곳에 있다는 사실을 감지한 순간 그들의 무릎은 햇볕에 녹아내리는 초콜릿같이 흐물

흐물해졌다. 사자는 그들로부터 남쪽으로 2km 떨어진 곳에서 엄청난 갈기를 흔들면서 으르렁거렸다. 그들은 죽을힘을 다해 지프가 있는 곳으로 뛰기 시작했다. 물론 이 순간에 도주의 속도가 어느 정도 되는지 생각할 수는 없을 것이다. 하지만 여러분은 그들이 시속 15km 속력으로 뛰었다고 생각할 수 있다. 맛있는 고기 냄새를 맡은 사자가 그들 뒤를 쫓았다. 네 다리를 이용해 사람보다 더 빨리 달릴 수 있는 사자의 속도를 시속 45km로 가정해 보자. 하지만 다행히도 사자는 사람보다 미련한 법이다. 그러므로 사자는 두 사람의 길을 가로지를 생각은 하지 못하고 도망가는 이들이 보이는 방향으로만 계속 달렸다.

과연 두 사람은 사자에게서 벗어날 수 있을까요?

모험 74

결혼식 피로연에서의 게임

거대한 동물은 점점 두 사람에게 가까워졌다. 그때 함께 간 사람들이 모두 그들을 향해 달려갔다. 그동안 내내 두 사람의 행동을 걱정스런 마음으로 지켜보고 있던 아부가 화승총을 손에 들고 제일 앞서 달려갔다. 사자는 상황을 감지하고 먹이를 놓친 것에 대해 안타까운 표정을 지으며 굶주린 배를 끌어안은 채 돌아서야만 했다. 프리츠와 아부나는 너무 놀라서 자신들이 구출된 사실을 알고 기뻐하기까지 한참이 걸렸다. 이제 이곳 동물들에 대한 관심이 완전히 사라져 그들은 지프를 타고 되돌아왔다.

농가에 도착하자 그들은 먼저 휴식을 취한 후 저녁에 결혼식 축하연에 참석했다. 프리츠 옆에는 아부나와 아부, 그리고 볼루나와 다른 일곱 명이 몰려 있었다. 아부는 여러 재미있는 게임을 친구들에게 소개했다. 얼마 후에 신랑이 커다란 바구니에 맛있는 무화과를 가득 담아 왔다. 모두들 당장 바구니로 달려들려고 했다. 그러나 아부는 이것으로 게임을 하면 재미있을 것이라고 말했다. 10명이 동시에 찬성하는 열띤 목소리가 울려나왔다. 그러자 아부는 바구니에서 20개의 잘 익은 무화과를 골라 차례로 탁자 위에 놓았다.

"각자 머릿속에 무화과 하나를 점찍어 봐. 내가 한 바퀴 돌 테니 내 귀에다 대고 각자가 점찍은 무화과를 속삭여 말해 주는 거야. 어느 누구도 똑같은 것을 점찍지 않았다면 그 사람은 그 무화과를 맛볼 수 있지. 하지만 두 명 이상이 똑같은 무화과를 점찍었다면 그들은 아무것도 못 받고 벌로 한바탕 웃음거리가 되는 거야!"

모두들 이 재미있는 게임에 환호하며 열다섯 번이나 게임을 했다.

그러면 이 게임에서 웃음거리가 되지 않을 확률은 얼마나 될까요?

모험 75

공평한 게임일까

다음 날 아침 네 사람은 볼루나의 아버지와 함께 집으로 돌아왔다. 그 뒤 프리츠는 아부, 아부나와 함께 그들의 오두막에서 며칠 동안 차분히 보냈다(그들이 없는 동안 거미가 집을 엄청나게 지어 놓긴 했지만). 그리고 아부는 아저씨를 도와 다시 농장일을 시작했고, 프리츠는 아부나와의 애정이 싹트기 시작했던 추억의 장소를 다시 찾아보고 싶었다. 아부나도 찬성했으므로 통나무배에 필요한 물건을 가득 싣고, 가능하면 깡통 음식을 먹지 않기 위해서 활과 화살도 챙겼다. 모든 준비를 마치자 두 사람은 계곡의 호수로 출발했다.

커다란 날개를 퍼덕이는 나비들, 작은 벌새들, 수천의 날짐승들이 내리쬐는 햇볕 속에서 한가이 노닐었다. 생물 도감에서나 찾아볼 수 있는 난초과의 식물들이 풍겨대는 아름다운 향기에 정신이 아득해졌다. 이 동화와 같은 세계의 한가운데에 프리츠와 아부나 단둘이만 있는 것이다! 하지만 둘만 있는 것도 단점이 있는 법. 자급자족이 제대로 이루어지지 않았다. 호수 속의 수많은 물고기들을 인디언 방식으로 잡아 보려고 했지만 수면에서 일어나는 빛의 굴절 법칙에 부딪혀 잘 되지 않았다. 재빠르고 영리한 야생 동물을 잡으려면 이 법칙을 모르고는 어려운 것이다. 그들은 어쩔 수 없이 바나나로 허기진 배를 달랬다. 그러고 나서 지난번 아부와 왔을 때 만들었던 뗏목을 타고 호수 위를 유유자적하게 떠다녔다.

그러다 프리츠는 또다시 탐험심이 발동했다. 계곡 호수의 깊이를 알아보고자 하는 호기심이 불타올랐던 것이다. 물은 거울처럼 맑아서 크고 둥근 돌멩이를 뗏목에서 떨어뜨렸을 때 그 돌이 바닥에 떨어지기까지 얼마나 걸리는지 관찰할 수 있을 정도였다. 이 실험으로 둘은 각각 호수의 깊이를 추측했는데 둘의 주장이 너무나 달랐다. 누구의 추측이 맞는가를 두고 서로 다투다가 인류가 오래전부터 상이한 의견을 조정하는 데 사용했던 방법을 이용하기로 했다. 즉, 둘이 씨름을 하면서 이리저리 흔들리는 뗏목 밖으로 상대방을 밀어내는 것이었다. 그러다가 프리츠와 아부나는 같이 물속으로 떨어지게 되고, 이후 호수의 깊이 같은 중요치 않은 문제에 대해서는 잊어버리고 평온한 오후 시간을 보냈다.

다음 날 아부나가 한낮의 강렬한 햇살을 피해 낮잠을 즐기는 동안 프리츠는 그녀가 이전에 맛있는 음식을 만들어 주겠다고 약속했던 사실을 기억하고는 이때가 기회다 싶어 활쏘기 연습에 열중했다. 그는 바나나가 아닌 아부나가 요리해 주는 음식을 맛보고 싶었던 것이다.

먼저 15m 떨어진 가는 나뭇가지를 겨냥하여 연습했다. 두 시간 후에는 열 번 쏘아서 평균 세 번만 빗나갈 정도로 실력이 늘었다. 그 사이에 아부나가 잠에서 깨어나, 프리츠 꿈을 꾸었는데 꿈속에서 그가 활로 작은 영양을 맞혔다고 했다. 프리츠는 꿈 이야기를 듣고 자기의 명예심이 인정받은 것처럼 느껴졌다. 그래서 어제 그가 모은 멋진 조가비들과 아부나의 초라한 수집품들을 놓고 내기를 하자고 했다. 그가 나뭇가지를 열 번 쏘아 최소한 다섯 번 맞히면 그가 이기는 것이었다. (프리츠는 만일의 사태를 대비해 평균에서 두 번의 여유를 더 둔 것이다. 왜냐하면 그가 모은 조가비가 아부나가 모은 것보다 열 배는 더 값어치 있게 느껴졌으므로 실제로 주고 싶지 않았기 때문이다.)

그러면 둘 중 누가 내기에서 더 유리할까요?

모험 76

아저씨의 진짜 걱정은?

아부나를 감탄시키고자 했던 프리츠는 너무 긴장하여 이번엔 단지 네 번의 성공에 그치고 말았다. 그래서 그의 아름다운 조가비도 잃게 되었다. 더 마음 아픈 것은 그의 꺾인 자존심이었다. 아부나는 조심스럽게 그의 상한 자존심을 어루만져 주었다. 그리하여 이날은 프리츠의 기억에 가장 인상 깊은 날이 되었다.

다음 날 아침 잠에서 깨었을 때 그들은 아직도 꿈을 꾸고 있는 것이라고 생각했다. 왜냐하면 아부가 쪼그리고 앉아 불에다 펠리컨 알을 굽고 있었기 때문이다. 두 사람은 서로의 팔을 꼬집으며 꿈이 아님을 확인하고 이 기분 좋은 현실에 아주 기뻐했다. 하지만 왠지 아부의 얼굴빛이 어두웠다. 그리고 몇 초가 흐른 뒤 프리츠는 하늘이 무너지는 듯한 기분을 느꼈다. 아부의 친구가 프리츠의 아버지에게 이런 전보를 받았다는 것이다.

"2주일 후에 수학 시험이 있다. 네가 이 시험을 보지 않으면 우리는 매우 안타까울 것이다."

프리츠는 부모님을 실망시켜 드릴 수 없었다. 하지만 이곳을 떠나고 싶지 않았으므로 너무 슬펐다. 아부나와 아부는 프리츠를 위로했다.

"여기서 아주 멋진 한 주를 보내자. 우리가 다시 만날 때까지 네 기억 속에 오래도록 남을 만한 아름다운 시간을 보내는 거야!"

이 마지막 주에 세 사람은 그들이 이전에 체험했던 모든 것을 다시 한번 경험해 보았다(물론 사자에게 쫓기던 일은 제외하고). 마지막으로 뗏목을 타고 호수를 배회해 보기도 하고, 통나무배로 강을 오르락내리락하고, 그들의 오두막에서 마지막 밤을 보내고, 일요일 아침에 교회에서 마지막 예배를 드리면서 이 아름다운 시간에 대해 진심으로 감사했다. 끝으로 세 사람은 아부네 아저씨를 방문했다. 아저씨가 우울한 눈빛으로 바라보았다. 프리츠는 이 선량한 사람이 자신과의 이별을 슬퍼하고 있다고 생각했다. 하지만 프리츠의 생각은 빗나갔다. 아저씨는 자신의 문제로 어두운 얼굴빛을 하고 있었던 것이다.

이 지역의 주된 식량인 마니오크 열매를 수확하는 시기가 되었는데 그의 농장에서 재배하는 열매의 크기에 대한 잠정적인 평가가 좋지 않다는 것이었다.

"지난해엔 무게가 140g 이하인 것이 3%뿐이었는데 금년엔 5%나 될 것 같아."

아저씨가 침울한 얼굴로 말했다. 아저씨의 이야기는 프리츠 자신의 작은 걱정거리를 잊게 만들었다. 프리츠는 아저씨가 어떻게 5%라는 추측을 하게 되었는지 알고 싶어 졌다. 아저씨가 그에게 메모지 한 장을 보여 주었는데, 거기에는 먼저 수확한 열매 100개를 측량한 무게들이 적혀 있었다.

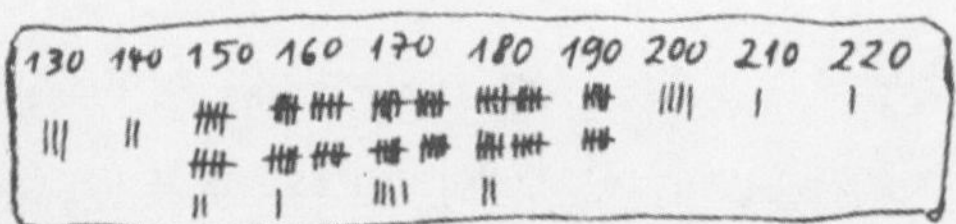

아부나가 외쳤다.

"아저씨, 작년보다 결코 나빠 보이지 않아요!"

아부나가 왜 이같이 말했는지 다른 이들은 알지 못했지만 아부나의 말에 모두들 기뻐했다.

여러분은 아세요?

모험 77

프리츠, 시험에서 미끄러지다. 그리고 또 하나의 놀라운 일!

아저씨가 기쁜 얼굴로 메모지를 바라보았다. 그리고 세 사람을 마을까지 데려다 주겠다고 했다. 마을에서는 저녁 무렵 프리츠를 위한 이별 파티가 준비되었다. 물론 마을 사람 모두가 초대되었다. 볼로, 볼루나, 아부네 가족, 마을의 상인과 그의 가족, 그리고 촌장도 멋진 파티복 차림으로 왔다. 그들은 아침까지 게임을 하고 잡담을 나누며 웃고 춤추고 노래했다.

부지런한 참새들이 일어나 지저귈 때 프리츠는 아부, 아부나와 함께 마을 광장의 꺼지지 않는 축제의 도가니에서 빠져나왔다. 그들은 마을 가까이에 있는 동산에 올라 멀리서 반짝이는 강물을 바라보며 추억에 잠겼다. 떠나야 할 시간이 매정스럽게도 점점 다가오고 있는 것이다. 프리츠는 아부나에게 하늘을 나는 양탄자를 선물했다. 마을 사람들과 눈물 어린 작별 인사를 나누고 난 후 촌장이 지프로 프리츠를 공항까지 바래다주었다. 물론 아부와 아부나도 동행했다. 공항에 도착하여 프리츠는 신실한 친구 아부를 오랫동안 꼭 끌어안았다. 그리고 자신의 여자 친구 아부나를 더 꼭, 더 오랫동안 끌어안았다. 그러고 나서 점보 여객기 안으로 들어갔다.

독일에 도착하니 매서운 추위로 이빨이 덜덜 떨렸다. 부모님과 사랑스런 동생이 공항으로 마중을 나와 반가운 재회가 이루어졌다. 그리고 집에는 커피와 맛있는 빵이 풍성하게 준비되어 있었고, 프리츠는 오랜만에 가족과 함께 이야기꽃을 피웠다. 이후 며칠 동안 프리츠는 자기 방에 틀어박혀서 생각이 아프리카로 흘러가지 않도록 애썼다.

시험 보기 전날 밤 문 두드리는 소리가 들렸다. 프리츠의 오랜 친구 카를이 온 것이다. 프리츠는 너무 반가웠다. 둘은 새벽까지 이야기를 나누었다. 그러다 어느새 프리츠는 감겨 오는 눈을 감당하지 못하고 침대 속으로 기어 들어가며 다음 날 저녁에 또 만날 것을 약속했다.

몇 시간 후 프리츠는 피곤에 지친 모습에 무거운 마음으로 강의실로 들어갔다. 그로부터 세 시간 후에 그는 시험에 불합격했다는 사실을 알게 되었다.(다른 친구들이 열심히 공부하는 동안 유유자적하게 놀기만 한 그가 합격한다면 불공평하겠지요!) 프리츠의 여자 친구였던 카트린(이 영리한 아가씨는 프리츠가 허송세월하는 동안 열심히 수학 공부를 했지요.)이 함정 많은 수학 문제를 어떻게 풀어야 하는지 그에게 설명해 주었는데, 그는 더욱 슬픈 표정으로 아부와 아부나를 그리워했다. 카트린은 따끈한 초코 밀크를 권하면서 시무룩해 있는 프리츠를 위로했다. 그리고 이 멋진 하얀 겨울을 그냥 보내기 아쉬우니 산으로 썰매를 타러 가자고 했다.

프리츠와 카트린은 그들이 이전에 갔던 동산으로 썰매를 타러 갔다. 거의 모든 것이 예전 모습 그대로였으나 시간의 흐름 때문인지 낡은 집은 허물어지고 몇 그루의 나무도 베어졌다. 대신 새로 들어선 두 채의 크고 멋진 집이 사람의 손이 거의 닿지 않은 자연과 멋진 대비를 이루고 있었다. 동산은 12m 높이였고 썰매길은 일정하게 10% 경사를 이루며 뮌스터 지역의 저지로 연결되어 있었다. 어제 내린 비와 간밤의 차가운 날씨 때문에 썰매길 전체가 거울처럼 미끄러운 얼음으로 뒤덮여 있었다. 미끄러운 길에서 넘어지고 엎어지면서 그들은 힘들게 동산의 꼭대기로 올라갔다.

카트린은 프리츠가 약간 두려워하는 것을 알아챘다. 또한 그가 오전에 당한 부끄러움을 만회하고자 그녀를 이기고 싶어 하지만 이 미끄러운 얼음길에서 브레이크를 걸지 않고 전속력으로 달리는 것도 달가워하지 않는다는 것을 알고 있었다. 그래서 그녀는 언제나 그와 나란히 달리고 그와 똑같은 강도로 브레이크를 걸겠다고 약속했다.

두 사람은 썰매를 타고 내리막길을 내려오는 동안 발을 바닥에 대어 속도를 조절하면서 위험한 장애물까지 정확히 1분이 걸리는 곳에 도착했다. 이제 발을 높이 들고 둘이 같은 속도로 미끄러운 바닥을 곧장 직진했다. 하지만 바닥이 완전히 평평하지는 않았는데, 프리츠가 가는 길에 예전에 사람들이 어떤 목적으로 파 놓았는지 가는 홈이 있었다. 그래서 그는 카트린과 나란히 내려가다가 그녀를 지나쳐 3m보다 더 깊은 아랫길로 미끄러졌다.

이 홈으로 인해 프리츠의 길은 더 멀어졌는데 카트린의 직선 길보다 3분의 1 더 길어진 것이다. 카트린이 썰매를 타고 내려가고, 프리츠가 깊은 곳에서 쏜살같이 썰매를 달리는 동안 그들은 서로 볼 수 없었다. 프리츠가 가는 길에서 그는 카트린보다, 그리고 뮌스터 지역의 지면보다 최소한 2m는 더 깊은 곳에 있었기 때문이다. 하지만 곧 그의 썰매가 앞으로 질주하고 다시 카트린과 같은 위치가 되었다. 이제 카트린이 선두에 나설 것으로 기대되는데, 둘은 홈으로 인해 서로 헤어지기 전과 똑같은 속도로 가고 있었고, 미끄러운 얼음길이 두 사람의 썰매타기를 거의 방해하지 못했으며, 카트린의 길이 프리츠가 가는 길보다 더 짧기 때문이다.

그러나 예기치 않은 일이 일어났으니……. 프리츠가 먼저 도착한 것이다! 둘 다 놀랐다. 카트린은 토끼와 거북 이야기를 떠올리며 다시 한 번 해 보자고 했다. 이번에는 둘 다 더욱 대담해져서 내리막길에서 처음보다 브레이크를 더 약하게 잡았다. 그래서 그들은 다시 나란히 내려왔다. 문제의 지점에 도착하여 프리츠는 카트린과 헤어져 아랫길로 접어들었다. 그가 다시 지면으로 떠올랐을 때 카트린과 첫 번째보다 더 가까이, 바로 발꿈치 옆에 있었다. 때때로 둘은 경사길에서 더 약하게 브레이크를 걸었는데 목표점에서 앞서 있던 프리츠의 속도가 주춤해졌다. 결국 둘이 전혀 브레이크를 잡지 않고 쏜살같이 내려온다면 "나 벌써 도착했어!"라고 외칠 사람은 카트린이다.

여러분은 이해하겠지요?

모험의 문제 해결을 위한 방법론 제안

모험 1

프리츠는 i일 동안 매번 $(10+i)$만큼의 팔 굽혀 펴기를 하고자 한다. 그렇다면 그가 마지막으로 49개의 팔 굽혀 펴기를 하기까지는 모두 $\left(\sum_{i=1}^{39} i\right)$일이 필요하다. 그리고 그때까지 $\sum_{i=1}^{39} i(10+i)$개의 팔 굽혀 펴기를 하게 된다. 이 두 숫자를 계산하기 위해 다음 공식을 이용하시오.

과제 a) 다음의 두 가지 공식이 적용된다.

$$\sum_{i=1}^{n} i = \frac{1}{2} n(n+1),$$

$$\sum_{i=1}^{n} i^2 = \frac{1}{6} n(n+1)(2n+1)$$

과제 b) 동시에 $\sum_{i=1}^{39} i(10+i)$와 $\sum_{i=1}^{39} i$를 계산하시오.

$$\sum_{i=1}^{39} i(10+i) = \sum_{i=1}^{39}(10i+i^2) = 10 \cdot \frac{39 \cdot 40}{2} + \frac{10 \cdot 11 \cdot 21}{6} = 8185$$

$$\sum_{i=1}^{39} i = \frac{39 \cdot 40}{2} = 780$$

모험 2

$q = 1 + \frac{p}{100}$이면 p는 이자율로 여기서 $p = 4$이다. 최초의 자본금 $K_0 = 5000DM$에서 프리츠는 매년 $A = 500DM$을 찾고자 한다.

과제 a) n년 후에 남는 저금을 R_n이라 한다면 다음이 성립함을 수학적 귀납법을 이용하여 증명하시오.

$$R_n = K_0 q^n - A(q^{n-1} + q^{n-2} + \cdots + q^0)$$

$R_n = 5000(1.04)^n - 500(1.04^{n-1} + 1.04^{n-2} + \cdots + 1.04^0)$

n=1→ 5000(1.04)−500=4700

n=k→

$500(1.04)^k - 500(1.04^{k-1} + 1.04^{k-2} + \cdots + 1.04^0) = R_k$

n=k+1→

$500(1.04)^{k+1} - 500(1.04^k + 1.04^{k-1} + \cdots + 1.04^0) = R_{k+1}$

$R_{k+1} = R_k \cdot q - Aq^0$

$= [k_0 q^k - A(q^{k-1} + \cdots + q^0] q = Aq^0$

$= k_0 q^{k+1} - A(q^k + \cdots + q^1 + q^0)$

$\therefore n = k+1$일 때 성립

과제 b) n년 후의 공식을 보이시오.

$$R_n = K_0 q^n - A\frac{q^n - 1}{q - 1}$$

8년 후에는 얼마나 남게 되나요?

과제 c) 과제 b)의 식에 $R_n = 0$을 대입하고 계산하시오. 저금한 돈을 언제까지 쓸 수 있나요?

$0 = 5000(1.04)^n - \dfrac{500(1.04^n - 1)}{1.04 - 1}$

$1.04^n = t$

$5000t = 12500t - 12500$

$7500t = 12500$

$t = \dfrac{5}{3}$

$\therefore n = \log_{1.04}\dfrac{5}{3}$년

모험 3

t초 후에 박테리아 배양은 $\left(1+\frac{1}{2000}\right)^t$배로 많아졌다.

과제) $\left(1+\frac{1}{2000}\right)^{2000}=e$로 대치하여 $\left(1+\frac{1}{2000}\right)^{25\cdot 60\cdot 60}$을 계산하시오.

$$\left(1+\frac{1}{2000}\right)^{25\cdot 60\cdot 60}=\left(1+\frac{1}{2000}\right)^{90000}=\left(1+\frac{1}{2000}\right)^{2000\cdot 45}$$

$$=e^{45}$$

모험 4

R_0을 지구의 반경이라 가정한다($R_0=6.37\cdot 10^6 m$). 또 R=38000km가 하루의 운행 거리라고 한다. 그러면 근사치로 $R=6R_0$이라는 결과가 나온다. 즉 로켓은 거의 정확히 4시간 후에 거리 R_0을 지나온 것이다. 시간을 4시간 간격으로 I_1, I_2, ……로 나누어 보자. 문제를 좀 수월하게 하기 위해 로켓은 일정한 속도로 날아간다고 가정한다. 그러면 로켓의 운행을 촉진하기 위해 4시간 간격 j 동안에 I_j가 필요한 일 A_j에 대해 다음과 같이 정의할 수 있다.

$$(*)\qquad \left[\frac{\gamma mM}{(R_0+j6R_0)^2}\right]6R_0\leqq A_j\leqq\left[\frac{\gamma mM}{(R_0+(j-1)6R_0)^2}\right]6R_0$$

γ는 중력 상수 $\gamma=6.67\cdot 10^{-11}m^3kg^{-1}\sec^{-2}$, m은 로켓의 질량을, M은 지구의 질량 $M=5.97\cdot 10^{24}kg$을 의미한다. 여기서 γ는 실험적으로 규정된 것이고, M은 γ와 R_0을 매개로 중력 가속도 g=9.81msec^{-2}에서 계산된다.

(∗)로부터 유추 : 일＝힘×거리. 거리는 시간 간격 I_j 동안에 R_0을 갖는다. 거리가 지구에서 정확히 수직으로 나 있으므로, 동시에 사용되는 힘은, 지구 중심점을 향한 거리 r에서 총 $\gamma mM/r^2$을 갖는, 중력이 지닌 힘의 절대치와 같게 된다. 그러나 이제 j 시간 간격은

$[(R_0+(j-1)R_0] \leqq r \leqq (R_0+jR_0)$이다.

과제 a) (∗)으로부터 다음을 보이시오.

$$\sum_{j=1}^{6} A_j \geqq \frac{\gamma mM}{R_0}\left(\sum_{v=2}^{7}\frac{1}{v^2}\right)$$

$$\sum_{j=1}^{6} A_j \geqq \left(\frac{\gamma mM}{(R_0+jR_0)^2}\right)R_0 = \frac{\gamma mM}{R_0}\cdot\frac{1}{(1+j)^2}$$

$$\sum_{j=1}^{6} A_j \geqq \sum\frac{\gamma mM}{R_0}\cdot\frac{1}{(1+j)^2} = \frac{\gamma mM}{R_0}\sum_{v=2}^{7}\frac{1}{v^2}$$

과제 b) 다음의 수열들의 극한값이 같고, 극한값에 대해 다음 부등식이 성립함을 보이시오.

$$\sum_{j=7}^{\infty} A_j \leqq \frac{\gamma mM}{R_0}\left(\sum_{v=7}^{\infty}\frac{1}{v^2}\right) \leqq \frac{\gamma mM}{R_0}\sum_{v=7}^{\infty}\left(\frac{1}{v-1}-\frac{1}{v}\right) \leqq \frac{\gamma mM}{6R_0}$$

$$A_j \leqq \frac{\gamma mM}{(R_0+(j-1)R_0)^2}R_0 = \frac{\gamma mM}{R_0}\cdot\frac{1}{j^2}$$

$$\therefore \sum_{j=7}^{\infty} A_j \leqq \sum_{j=7}^{\infty}\frac{\gamma mM}{R_0}\cdot\frac{1}{j^2} \leqq \sum_{j=7}^{\infty}\frac{\gamma mM}{R_0}\cdot\frac{1}{j(j-1)}$$

$$= \sum_{j=7}^{\infty}\frac{\gamma mM}{R_0}\cdot\left(\frac{1}{j-1}-\frac{1}{j}\right) = \frac{\gamma mM}{R_0}\cdot\frac{1}{6}$$

과제 c) 다음의 변형을 나타내시오.

$$\left(\sum_{j=1}^{6} A_j\right)\bigg/\left(\sum_{j=1}^{\infty} A_j\right) = 1\bigg/\left[1+\left(\sum_{j=7}^{\infty} A_j\right)\bigg/\left(\sum_{j=1}^{6} A_j\right)\right]$$

과제 d) a), b) 그리고 c)를 이용하여 제시된 부등식을 나타내시오.

$$\left(\sum_{j=1}^{6} A_j\right)\bigg/\left(\sum_{j=1}^{\infty} A_j\right) \geqq 1\bigg/\left[1+\frac{1}{6}\bigg/\left(\sum_{v=2}^{7}\frac{1}{v^2}\right)\right] \geqq \frac{2}{3}$$

모험 5

s미터 물속에서의 밝기 H(s)는(물 표면 광도의 %에서) 형식상으로 다음과 같다.

$$(*) \qquad H(s) = e^{-cs}$$

동시에 흡수 상수 c는 물의 맑기에 좌우된다(물이 맑을수록 c는 작아진다).

(∗)로부터 유추 물을 $\frac{1}{n}$미터 두께의 수평선 층으로 나누어 보시오. H_m은 m번째 층의 밝기가 될 것이다. 동시에 $H_0 = 1$. m번째 층에서의 흡수는 작은 층 두께 $\frac{1}{n}$에 대해 밝기 H_m과 층 두께 $\frac{1}{n}$에 대략 비례한다. 그래서 비례 요소 c가 다음과 같이 나타난다.

$$\text{흡수} = H_m - H_{m+1} \backsimeq cH_m\frac{1}{n}$$

그러면 $H_{m+1} \backsimeq H_m\left(1 - \frac{c}{n}\right)$

그리고 m에 관한 수학적 귀납에 의해

$$H_m \backsimeq \left(1 - \frac{c}{n}\right)^m \text{이다.}$$

자연수 m과 n을 선택하여 표시해 보면 $s \backsimeq \frac{m}{n}$이 된다. 이로부터 우리는 다음의 공식을 얻는다.

$$H(s) \backsimeq H_m \backsimeq \left(1 - \frac{c}{n}\right)^m \backsimeq \left(\left(1 - \frac{c}{n}\right)^{\frac{-n}{c}}\right)^{-cs} \backsimeq e^{-cs}$$

이와 함께 (∗)이 유추되었다. 또한 밝기의 분배는 자연 과학에서 자주 적용된 성장 상태에 따른다. 우리는 모험 3의 박테리아 배양 성장에서 이미 비슷한 점을 보았다. 같은 규칙이 예를 들어 방사선의 파장에도 적용되며, 시간 단위(또는 길이 단위)마다 감소(또는 증가)가 주어진 양에 비례하는 모든 과정에 더 일반적으로 적용된다. 더 간단하게 이 규칙은 우리가 나중에 보게 되듯(모험 19, 26 혹은 28을 비교해 보시오) 미적분학의 정리를 이용하여 유추해 낼 수 있다.

여행 가이드에 따르면 H(10) =0.5이다.

과제) 이로부터 (∗)와 함께 흡수 상수 c를 계산하시오. 이어서 H(1.5)를 계산하시오.

$$H(S) = e^{-cs}$$

$$H(10) = e^{-10c} = 0.5$$

$$-10c = \log_e \frac{1}{2} = -\log_e 2$$

$$c = \frac{1}{10}\log_e 2$$

모험 6

다시 $R_0=6.37 \cdot 10^6$m를 지구의 반경이라 하자.

과제 a) 먼저 r를 계산하면서 위도 42도 상의 길이를 계산하시오.

$$r = R_0 \cos 42^\circ$$

$$\therefore \text{위도 42도 상의 길이} = 2\pi r = 2\pi R_0 \cos 42^\circ$$

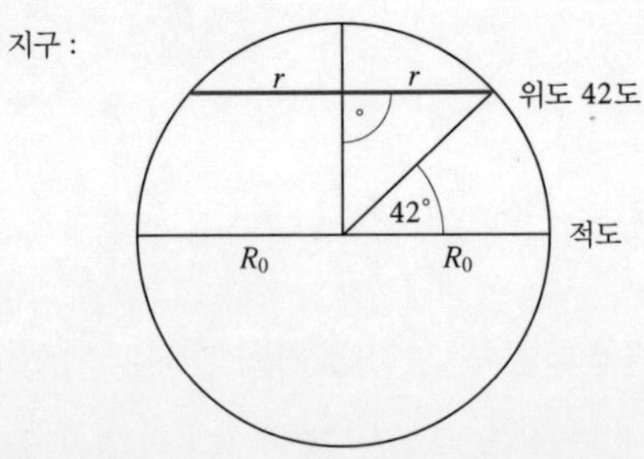

그들이 가고 오는 여행에서 항해자는 위도 42도 상의 경선 (I+1)° 에 경선 I° 의 간격에 상응하는 거리를 항해하였다.

과제 b) 경선들은 −180° 에서 +180° 까지 셀 수 있다. 그러면 위도 42

도 상에서 측정되는 두 개의 연속되는 경선의 간격은 몇 km 일까요?

$$\frac{2\pi r}{360} = \frac{\pi R_0}{180}\cos 42^\circ$$

모험 7

3월 21일(입춘)에 태양은 적도 위에 수직으로 떠 있다. 따라서 이날 동쪽 어디에서든 태양이 떠오르고 서쪽에서는 지며, 정확히 12시간을 비춘다. 우리는 이제 태양의 운행을 지리학적인 위도 φ를 지닌 관찰 지점에서 살펴본다. 이날 태양은 반원으로 운행하며, 원의 아래 직경은 정확히 동서 방향으로 놓여 있고, 지평선으로의 경도는 $\Psi := (90^\circ - \varphi)$와 같다. 그들의 경우에는 $\varphi = 42^\circ$ 이다.

관찰 지점이 영점이 되고, x 방향이 동쪽을 가리키고, y 방향이 북쪽을 가리키고, z 방향이 수직으로 위를 향하도록 좌표계를 놓으시오. 우리는 이제 태양의 좌표들$[x(t),\ y(t),\ z(t)]$을 이날의 현재 시간 t에 의해 결정하고자 한다. 여기서 R는 태양과의 간격이 될 것이다. 그러면 태양이 정점에 있는, 그 지역 시간으로 12시가 지난 t시간에 태양 S는 경사진 궤도에서 다음과 같은 좌표들을 갖게 된다.

$$[u(t), v(t)] = \left(-R\sin\frac{t}{12}\pi,\ R\cos\frac{t}{12}\pi\right)$$

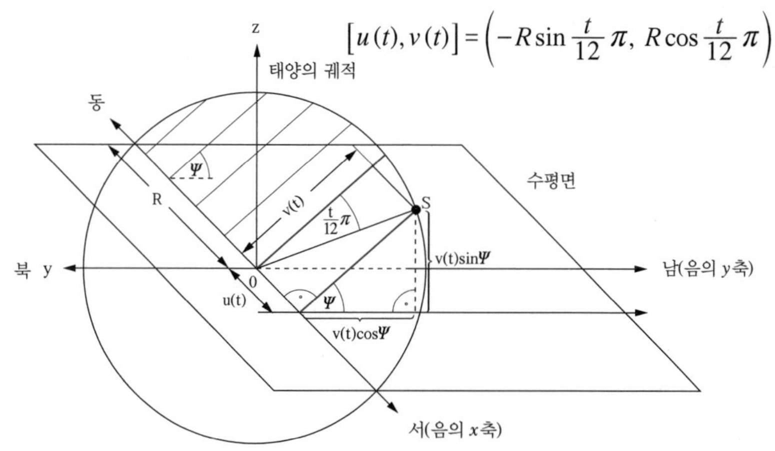

태양의 위치 S가 (x, y, z) 공간에서 t시간에 갖게 되는 좌표는 다음과 같다.

$$\left[x(t),\ y(t),\ z(t)\right]=\left[u(t),\ -v(t)\cos\boldsymbol{\Psi},\ v(t)\sin\boldsymbol{\Psi}\right]$$

이제 새 그림을 그려 보자.

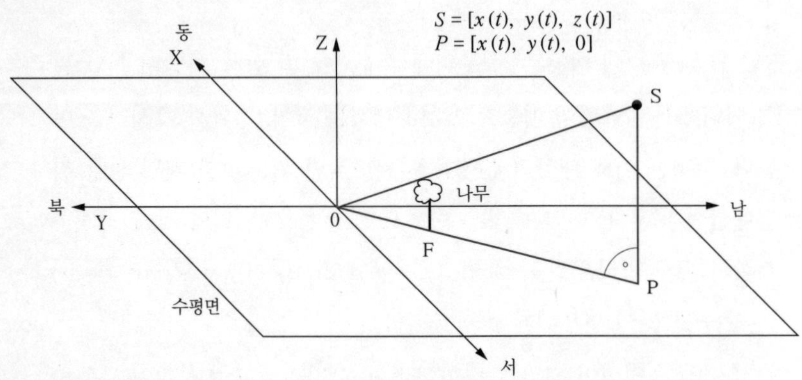

여기서 관찰 지점은 다시 0이고, 지평면 위에 있는 나무의 밑동까지의 거리는 F, 태양 위치 S의 지평면 위로의 투사점은 P이다. 그러면 다음과 같은 공식이 나타난다.

$$\frac{\text{나무의 높이}}{\text{간격}(0,\ \mathrm{F})}=\frac{\text{간격}(\mathrm{P},\ \mathrm{S})}{\text{간격}(0,\ \mathrm{P})}$$

과제) 이제 나무의 높이를 계산해 보시오.

$$\left[x(t),\ y(t),\ z(t)\right]=\left[u(t),\ -v(t)\cos\boldsymbol{\Psi},\ v(t)\sin\boldsymbol{\Psi}\right]$$

$$\left[-R\sin\frac{t}{12}\pi,\ -R\cos\frac{t}{12}\pi\cos\psi,\ R\cos\frac{t}{12}\sin\psi\right]$$

$$\psi=48$$

∴ 나무의 높이

$$=60\times\frac{\sqrt{\left(R\cos\frac{t}{12}\sin\psi\right)^2}}{\sqrt{\left(-R\sin\frac{t}{12}\pi\right)^2+\left(R\cos\frac{t}{12}\pi\cos\psi\right)^2}}$$

모험 8

R_0은 다시 지구의 반경이고(m로 계산하여), h는 눈의 높이이고, $W(h)$는 눈에서 수평선까지의 거리를 나타낸다고 가정하자(물론 이 거리는 눈의 높이 h에 좌우된다). 그러면 피타고라스 정리가 성립하는데, 이에 대한 스케치를 해 보시오!

$$(R_0+h)^2 = R_0^2 + [W(h)]^2$$

과제 a) 이와 함께 계산해 보시오.

$$\lim_{h\to 0} W(h)/\sqrt{h} =: a$$

프리츠가 지구에 비하여 매우 작으므로 그런 h에 대해 $W(h)/\sqrt{h} = a$로 대체될 수 있다. 이와 함께 다음을 해결해 보시오.

$$[W(h)]^2 = (R_0+h)^2 - R_0^2 = 2R_0 h + h^2$$

$$\frac{[W(h)]}{\sqrt{h}} = \sqrt{2R_0+h}$$

$$\lim_{h\to 0} \frac{W(h)}{\sqrt{h}} \simeq \sqrt{2R_0} = a$$

과제 b) 두 사람은 얼마나 멀리 바라볼 수 있을까요?

$$\sqrt{2R_0 h}$$

두 배의 눈높이로 올라간다면 어떻게 될까요?

$$\lim_{h\to 0} W(h) = \lim_{h\to 0}\sqrt{2R_0 h + h^2} = \lim_{h\to 0}\sqrt{2R_0 h}$$

$\therefore \sqrt{2}$배 멀리 볼 수 있다.

모험 9

$v_1(t)$는 프리츠가 탄 트럭의 속도이고, $v_2(t)$는 카를이 탄 트럭의 속도로 표시한다. v_1과 v_2가 일정하다고 가정해 보자. $v_1(t_1) > 0$, $v_2(t_1) = 0$인 시점 t_1(프리츠가 출발하고 조금 후), $v_1(t_2) = 0$, $v_2(t_2) > 0$인 t_2(프리츠의 운행이 끝나고 조금 후)가 나타난다.

과제) t_0이 $t_1 < t_0 < t_2$이고, 다음 등식 $v_1(t_0) = v_2(t_0)$이 성립함을 보이시오.

모험 10

8%의 경사는 100m 수평선의 거리 위에서 도로가 약 8m 경사진다는 것을 의미한다. 그러면 경사 각도 φ에 대해, $\tan\varphi=8/100$임이 적용된다. 스케치를 해 보시오.

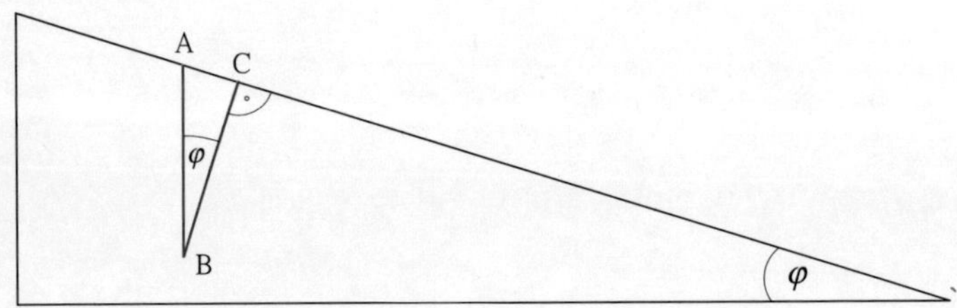

$\overrightarrow{AB}$는 중력의 가속도를 의미하며(크기에 대해 g=9.81m/sec^2), $\overrightarrow{AC}$는 썰매의 가속도를, $\overrightarrow{CB}$는 힘의 평행사변형에 필요한 제3의 벡터를 의미한다(미끄러운 얼음길이므로 마찰력은 무시하기로 한다).

과제 a) 썰매 가속도 b의 크기를 계산하시오.

$s(t)$가 썰매가 t초 후에 달려온 거리라면

$\ddot{s}(t) = b$가 유효해야 한다.

$$b = g\sin\varphi \simeq g\tan\varphi = 9.81\times\frac{8}{100}$$

과제 b) $s(t)=at^2$을 적용하여 $s(t)$를 계산하시오.

$$s(t) = at^2 = 9.81\times\frac{8}{100}t^2$$

과제 c) t에 따른 $s(t)=100$을 해결하고 걸린 시간을 계산해 보시오.

$$9.81\times\frac{8}{100}t^2 = 100$$

모험 11

초점 B를 향하여 입사한 후 반사되는 빛에 평행한 단면은 정방형의 포물선을 나타낸다. 스케치에 상응하는 좌표계를 나타내 보시오. 포물선은 미지의 a를 포함하여 방정식 $y=ax^2$을 갖는다.

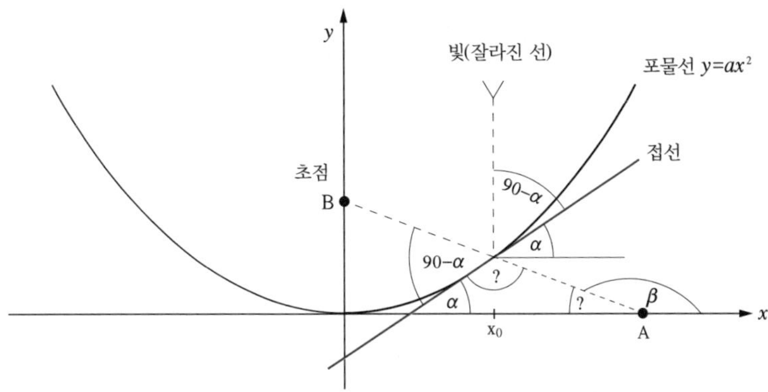

y축에 평행하게 빛이 포물선 위의 점 (x_0, y_0)을 지난다고 한다. 이 점에서 접선의 경사는 각도 α를 통해 주어질 것이다. 그렇다면 빛의 광선은 투사각 $(90°-\alpha)$를 갖는다. 반사 각도는 $(90°-\alpha)$이다.

과제 a) α와의 연관 속에서 각 β를 구하시오.

계속하여 다음이 성립됨을 증명해 보시오.

$$\tan\alpha = 2ax_0$$

$$x_0 = \frac{1}{2a}\tan\alpha, \quad B\left(0, \frac{1}{4a}\right)$$

$$\tan\beta = \frac{y_0 - \frac{1}{4a}}{x_0 - 0} = \frac{ax_0^2 - \frac{1}{4a}}{x_0}$$

$$= ax_0 - \frac{1}{4ax_0} = \frac{1}{2}\left(\tan\alpha - \frac{1}{\tan\alpha}\right)$$

과제 b) $\tan(2\alpha - 90°) = \frac{\tan^2\alpha - 1}{2\tan\alpha}$

이제 $\tan\alpha$는 x_0 위치에서 포물선의 도함수와 동일하다.

과제 c) a와 x_0의 연관 속에서 직선 AB의 경사를 구하시오.

과제 d) AB의 직선의 방정식과 직선 x=0과의 교점 B를 계산하시오. 올바르게 계산했다면 결과는 단지 a에만 종속된다. 따라서 y축에 대해 평행으로 투사하는 모든 광선은 한 점 B에 묶이는 것이다.

모험 12

R를 궤도 위의 하나의 유성과 태양과의 거리라고 하자. 이 유성은 거의 같은 모양으로 움직이기 때문에 t시간에 (좌표계의 적절한 선택에서) 다음의 좌표를 갖는다.

$$(*) \qquad [s_1(t), s_2(t)] = (R\cos\omega t, R\sin\omega t)$$

관찰을 통해 유성이 태양을 한 번 도는 데 T해가 필요하다는 것을 알게 된다.

과제 a) 이 시간을 초로 말해 보시오. T(단위 sec^{-1}로, 우리는 모든 것을 초로 계산해야 한다. 예를 들면 γ와 같은 다른 상수들에서도, 시간의 단위가 초로 계산되기 때문이다.)와의 관계 속에서 ω를 계산하시오.

비록 그 유성이 거의 일정한 속도로 운행한다 할지라도, 유성은 자체의 비선상의 궤도 때문에 궤도 밖으로의 가속[$\ddot{s}_1(t)$, $\ddot{s}_2(t)$]을 체험한다. 유성이 그의 궤도를 벗어나 달리지 않으므로 이 궤도는 태양의 끌어당기는 힘을 통해 야기되는 가속 $\vec{b}(t)$에 대립되어 있음에 틀림없으며, 이 가속은 다음과 같다.

$$\vec{b}(t) = \frac{\gamma M}{R^3}\left[s_1(t),\ s_2(t)\right]$$

γ는 중력 상수이며, M은 태양의 질량이다(모험 4와 비교해 보시오. 모험 4에서는 $\vec{b}(t)$의 값만 사용되었다. 그러나 $\left[s_1(t),\ s_2(t)\right]$이 바로 길이 R를 가지므로 모험 4에서 사용된 관계, $|\vec{b}(t)| = \frac{\gamma M}{R^2}$이 나타난다).

따라서 우리가 얻게 되는 것은 다음과 같다.

(∗∗) $$\left[\ddot{s}_1(t),\ \ddot{s}_2(t)\right] = -\frac{\gamma M}{R^3}\left[s_1(t),\ s_2(t)\right]$$

과제 b) 이제 (∗), (∗∗)와 함께 과제 a) T, γ, 그리고 태양의 질량 M의 관계 속에서 R의 크기를 계산하시오(여기서 γ = $6.67 \cdot 10^{-11}m^3kg^{-1}sec^{-2}$이며, $M=1.98 \cdot 10^{30}kg$이다).

이미 모험 4에서 언급된 것처럼, 우리는 γ를 실험적으로 규정할 수 있다(학교에서 틀림없이 배웠을 거예요!). 그러나 M을 어떻게 구할 수 있을까? 태양을 저울에 올려 보아야 할까? 우회적인 방법을 쓸 수가 있죠. 우리가 하나의 유성, 예를 들어 지구에 대해 태양과의 거리 R를, 그리고 지구의 운행 시간 T를 알게 된다면, 과제 b)와 함께 거꾸로 M을 계산해 낼 수 있다.

하지만 우리의 모험에서는 거리를 km로 묻는 게 아니고 훨씬 더 간단하게, 지구와 태양의 거리 R_2와 비교하여 태양과 금성 사이의 거리 R_1을 묻고 있다. 그렇다면 T_1은 금성의 운행 시간이고(망원경 덕분에 0.615년까지로 밝혀지는), T_2는 지구의 운행 시간이다. 이제 과제 b)로부터 케플러가 발견한 다음의 법칙을 이끌어 내시오(케플러는 운행 궤도에 대해서만 공식화한 것이 아니라 더 일반적으로 타원 위의 궤도에 대해서도 말하고 있는데, R_i는 커다란 반축선을 의미한다).

과제 c) 다음이 성립한다. $T_1^2/R_1^3 = T_2^2/R_2^3$

$$[S_1(t),\ S_2(t)] = (R\cos\omega t,\ R\sin\omega t)$$

$$[\ddot{s}_1(t),\ \ddot{s}_2(t)] = -\omega^2(R\cos\omega t,\ R\sin\omega t) = -\omega^2[S_1(t),\ S_2(t)]$$

$$= -\frac{\gamma M}{R^2}[S_1(t),\ S_2(t)]$$

$$\therefore \omega^2 = \frac{\gamma M}{R^2}$$

한편 $\omega = \frac{2\pi}{T}$

$$\therefore \frac{4\pi^2}{T^2} = \frac{\gamma M}{R^3}$$

$$\therefore \frac{T^2}{R^3} = \frac{4\pi^2}{\gamma M}$$

$$\therefore \frac{T_1^2}{R_1^3} = \frac{T_2^2}{R_2^3} = k$$

과제 d) 금성이 (지구와 태양과의 거리에 비하여) 태양에 얼마나 더 가까이 있는지 계산하시오.

$T_1 = 1,\ T_2 = 0.615$

$$\left(\frac{R_2}{R_1}\right)^3 = \left(\frac{T_2}{T_1}\right)^2 = 0.615^2$$

$$\therefore R_2 = R_1 \times 0.615^{\frac{2}{3}}$$

주의 과제 b)에서 나온 일반적인 법칙은 물론 태양 주위를 도는 유성들만이 아니라 달의 거리와 운행 시간에 대해서도 적용된다(그러면 여기서 M은 물론 지구의 질량이 되고, 이 질량은 지구 가속의 인식하에서 중력의 법칙에 따라 계산된다). 달의 운행 시간으로부터 그 거리가 계산된다(이 운행 시간은 27.3일이며, 두 보름달 사이의 시간보다 이틀이 더 짧다. 이는 이 시간에 태양도 계속 움직이고 있기 때문이다). 지구 주위를 도는 위성들은 이 법칙에 따라 조정되며, 그래서 우리는 과제 b)와 함께 위성의 거리를 알 수 있는데, 예를 들어 이 위성이 지구 주위를 도는 운행 시간으로 정확히 하루가 필요하다.

모험 13

$s_1(t)$는 프리츠의 트럭이 t 시점까지 달려온 거리를, $s_2(t)$는 카를의 트럭이 달려온 거리를 나타낸다. s_1과 s_2는 서로 다른 기능을 나타낸다고 가정할 수 있다. t_1이 시작점이라면, t_2는 여행의 마지막 시점이다. 따라서 다음의 공식이 성립된다.

$$s_1(t_1) = s_2(t_1) = 0 \text{ 그리고 } s_1(t_2) = s_2(t_2)$$

과제 t_0이 $t_1 < t_0 < t_2$임과 함께 $s_1'(t_0) = s_2'(t_0)$이 성립됨을 보여라.

모험 14

프리츠가 알지 못한 것(모험 69와 비교): 한 해의 세금 $S(x)$는 16,020마르크와 48,000마르크 사이의 연수입뿐 아니라 48,000마르크와 130,020마르크 사이의 연수입에서도 각각 4차 방정식의 다항식을 통해 계산된다는 것이다. 두 번째 경우에서 꼴은 같다.

$y = 10^{-4}(x - 48000)$일 때

$S(x) = 0.1y^4 - 6.07y^3 + 109.95y^2 + 4800y + 15298$이다.

과제 '수입과 세금의 차' $= x - S(x)$의 공식이 [48,000, 130,020] 구간에서 일정하게 성립된다는 것을 나타내시오.

힌트 이 무변화는 변수 y와 관련하여 더 간단하게 나타낼 수 있으며, 여기서 y는 [0, 10]의 구간에 속한다.

모험 15

x축이 지평선에 놓여 있고 던지는 방향을 가리키며, y축은 수직으로 위를 향하는 좌표계를 그리시오. 영점은 돌을 던지는 지점을 나타낸다고 가정한다. v_0은 던지는 속도를, α는 지평선의 각을 나타낸다고 가정한다. 돌은 중력이 없이 t초 후에 좌표 $[nt, vt]$ $[(v_0 \cos\alpha)t, (v_0 \sin\alpha)t]$를 나타낼 것이다. 돌이 단순히 떨어진다면, t초 후에 좌표 $(0, -\frac{1}{2}gt^2)$을 나타낼 것이다(모험 10에 상응하여 φ=90°를 도출해 낸다). 두 작용을 합계하면 실제로 돌은 t초 후에 다음의 좌표를 갖게 된다.

$$(*) \qquad \left[(v_0 \cos\alpha)t, (v_0 \sin\alpha)t - \frac{1}{2}gt^2\right]$$

두 번째 좌표가 0이 된다면 돌은 다시 바닥에 닿게 된다.

과제 a) (∗)로부터 v_0과 α와의 관계 속에서 던진 거리를 계산하시오.

$$v_0 \sin\alpha t - \frac{1}{2}gt^2 = 0$$

$$t = \frac{2v_0 \sin\alpha}{g}$$

$$\text{거리} = v_0 \cos\alpha \cdot \frac{2v_0 \sin\alpha}{g} = \frac{2v_0^2 \sin\alpha \cos\alpha}{g}$$

과제 b) 이제 어떤 각도에서 돌을 던진 거리가 최대가 될 것인지 살펴보시오(여기서 v_0은 불변해야 한다).

마지막 과제는 미분 연산을 이용하지 않고도 해결할 수 있는데, 이때 공식 $\cos\alpha \sin\alpha = ?$이 이용된다.

거리 $x = \dfrac{2v_0^2 \sin\alpha \cos\alpha}{g} = \dfrac{v_0^2 \sin 2\alpha}{g}$

x가 최대 $\sin^2\alpha = 1$

$2\alpha = \dfrac{\pi}{2}$

$\therefore \alpha = \dfrac{\pi}{4}$

주의 카트린이 바닥에 앉아 있지 않았다면 과제는 훨씬 더 어려워질 것이다. 왜냐하면 두 번째 좌표에 동시에 (−h)를 첨가해야 할 것이기 때문이다. 여기서 h는 던지는 높이를 의미한다.

모험 16

먼저 스케치를 해 보시오. 여기서 ACB는 프리츠의 길이라고 가정한다. $S = vt$이므로 점 A에서 점 C까지 걸린 시간은 $\sqrt{a^2 + x^2}/v_1$과 같고, 점 C에서 점 B까지의 시간은 $\sqrt{(d-x)^2 + b^2}/v_2$과 같다. 여기서 v_1은 잔디밭에서의 속도이고, v_2는 밭에서의 속도를 나타낸다(우리의 경우에서: $v_1 = 2v_2$).

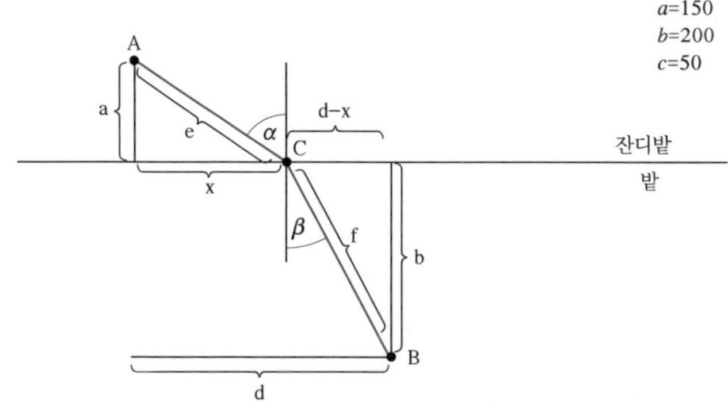

과제 a) A에서 B까지 최소로 걸린 시간을 가지고, x에 대해 다음의 공식이 적용되는 것을 나타내 보시오.

$$\frac{x}{ev_1} - \frac{d-x}{fv_2} = 0$$

$$e = \sqrt{a^2 + x^2} \quad f = \sqrt{(d-x)^2 + b^2}$$

$$\frac{\sqrt{a^2+x^2}}{v_1} + \frac{\sqrt{(d-x)^2+b^2}}{v_2} = y$$

$$\frac{dy}{da} = \frac{2x}{2\sqrt{a^2+x^2} \cdot v_1} + \frac{-2(d-x)}{2v_2\sqrt{(d-x)^2+b^2}} = 0$$

$$\therefore \frac{x}{ev_1} - \frac{d-x}{fv_2} = 0$$

과제 b) 이로부터 스넬의 굴절의 법칙을 유도해 내시오.

$$\frac{\sin\alpha}{\sin\beta} = \frac{v_1}{v_2}$$

계속해서 $x = a\tan\alpha$이며, $d - x = b\tan\beta$이다.

이로부터 $a\tan\alpha + b\tan\beta = d$가 나온다.

$$\sin\alpha = \frac{x}{e} \quad \sin\beta = \frac{d-x}{f}$$

$\therefore \dfrac{\sin\alpha}{v_1} - \dfrac{\sin\beta}{v_2} = 0$이므로

$$\frac{\sin\alpha}{\sin\beta} = \frac{v_1}{v_2}$$

과제 c) 이로부터 다음의 공식을 유도해 내시오.

$$a\frac{\sin\alpha}{\sqrt{1-\sin^2\alpha}} + b\frac{\frac{v_2}{v_1}\sin\alpha}{\sqrt{1-\left(\frac{v_2}{v_1}\right)^2\sin^2\alpha}} = d$$

$$\sin\beta = \frac{v_2}{v_1}\sin\alpha$$

$$\therefore \tan\alpha = \frac{\sin\alpha}{\cos\alpha} = \frac{\sin\alpha}{\sqrt{1-\sin^2\alpha}}$$

$$d = a\tan\alpha + b\tan\beta = a\frac{\sin\alpha}{\sqrt{1-\sin^2\alpha}} + b\frac{\frac{v_2}{v_1}\sin\alpha}{\sqrt{1-\frac{v_2^2}{v_1^2}\sin^2\alpha}}$$

과제 d) $\sin\alpha$는 작다는 것을 추측하면서 $\sin\alpha$에 따라 최근사치로 이 방정식을 풀어 보시오. 그러면 $\sin^2\alpha$는 이것을 무시할 수 있을 만큼 작은 것이 된다. 이렇게 단순화하면서 $\sin\alpha$를 과제 c)의 방정식으로부터 계산해 낼 수 있다. 시험 삼아 이 방정식에 결과를 넣어 보면, 조금 기발한 이 착상이 옳았다는 것을 확신하게 된다(이런 종류의 등식을 해결하는 좀 더 우아한 방법은 나중에 배우게 될 것이다: 모험 28과 비교). 프리츠가 카트린에게 가장 빨리 가기 위해서는 어떻게 달려야 했을까?

참조 빛이 상이한 빛의 속도 v_1, v_2를 갖는 두 매질 사이를 달린다면, 이 빛은 프리츠보다 더 영리한 행동을 취한 것이다(즉 그 빛은 가장 짧은 길을 택한 것이 아니라 가장 빠른 길을 택한 것이다). 그래서 과제 b)에서 유도된 법칙이 특히 광학에서 적용된다. 이에 대해 스넬(W. Snell van Royen. 라틴 어로 스넬리우스로 불림. 1581～1626)도 물론 주장하였다. 빛이 그 운행 시간을 최소화한다는 보편적인 법칙이 '페르마(Fermat)의 원리'로 불린다.

모험 17

먼저 송수관의 모양을 결정하시오.

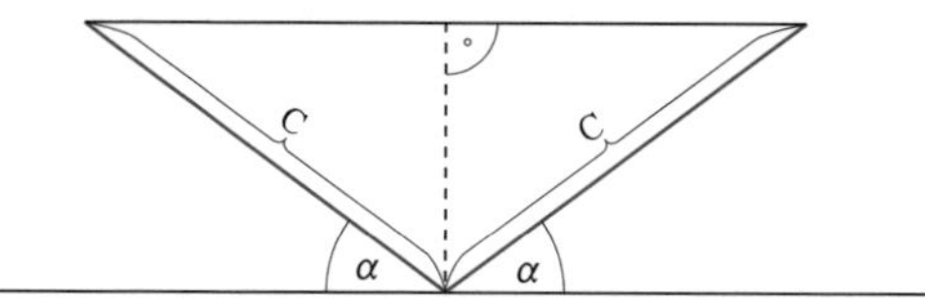

과제 a) 단면이 최대가 되도록 각도 $\alpha \in [0, 45^\circ]$를 구하시오.

$$S = \frac{1}{2}C^2\sin(180 - 2\alpha) = \frac{1}{2}C^2\sin 2\alpha$$

$$\sin 2\alpha = 1 \quad \therefore \alpha = 45^\circ$$

그러고 나서 송수관이 놓여야 할 길을 정하시오.

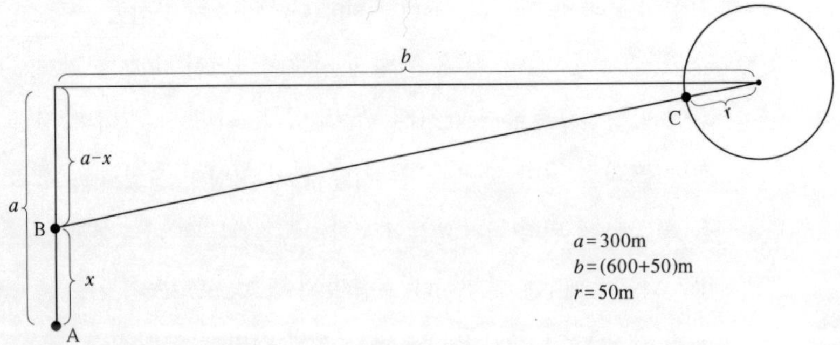

길 $\overline{AB}$는 x와 같고, $\overline{BC}$는 $\sqrt{(a-x)^2+b^2}-r$와 같다.

그러면 값은 다음과 같이 나타난다.

$$f(x) = 2x + 4\left(\sqrt{(a-x)^2+b^2}-r\right)$$

$$\frac{df(x)}{dx} = 2 + 4 \cdot \frac{2(a-x)\cdot(-r)}{2\sqrt{(a-x)^2+b^2}} = 0$$

$\therefore x = a - \frac{1}{\sqrt{3}}b$에서 최소

$0 \leqq x \leqq 300$

$\therefore x = 0$에서 최소

$$f(0) = 4\left(\sqrt{300^2+650^2}-50\right) = 2662.56$$

과제 b) 구간 [0, 300]에서 f의 최솟값을 구하시오.

모험 18

스케치를 해 보시오.

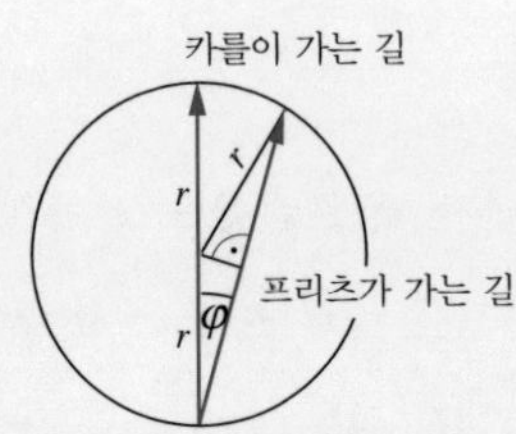

카를이 가는 길은 $2r$와 동일하다. 프리츠의 경로는 그가 각도 φ로 카를의 방향에서 빗나간다면 $2r\cos\varphi$와 같다. 두 사람이 같은 시각에 해안에 도달하기 위해서는 $2r\cos\varphi : 1 = 2r : 1\frac{1}{2}$이 성립해야 한다. 따라서 $\cos\varphi = \frac{3}{2}$이 된다.

과제 우선 전개점 $x_0 = 0$을 가지고 $\cos x$에 대한 테일러 전개를 계산하시오. 그리고 테일러 전개를 항 x^5까지 구하고, 나머지를 무시하며, 이와 함께 x에 대한 4차 방정식을 계산하는 가운데 방정식 $\cos x = \frac{2}{3}$를 계산하시오. 이어서 x를 각도로 바꾸시오.

$$f(x) = f(x_0) + (x - x_0)f'(x_0) + \frac{(x - x_0)^2}{2!} f''(x_0) + \cdots$$
$$+ \frac{(x - x_0)^5}{5!} f^{(5)}(x_0)$$

$$\cos x = f(x) \approx \cos 0 + (x - 0)(\sin 0) + \frac{(x - 0)^2}{2!}(-\cos 0)$$
$$+ \frac{(x - 0)^3}{3!}(\sin 0) + \frac{(x - 0)^4}{4!}(\cos 0) + \frac{(x - 0)^3}{5!}(\sin 0)$$
$$= 1 - \frac{x^2}{2!} + \frac{x^4}{4!} \approx \frac{2}{3}$$

$$x^2 = 6 \pm 2\sqrt{7}$$

$$x = \sqrt{6 \pm 2\sqrt{7}} \approx \cos^{-1}(\frac{2}{3})$$

모험 19

공기 기둥을 두께 $\frac{1}{n}$의 층으로 나누시오. P_m은 m층에서의 압력을 나타낸다(모험 5를 비교). 그러면 다음의 공식이 다시 유효해진다.

$$(*) \qquad P_m - P_{m+1} \backsimeq cP_m \frac{1}{n}$$

모험 5에서처럼 계속 추론해 갈 수 있지만 여기서는 다른 방법을 택하기로 한다.

$x = \frac{m}{n}$이 압력이 측정되어야 할 높이라면 (*)로부터 다음과 같이 나타난다.

$$(**) \qquad P'(x) \backsimeq \frac{P_{m+1} - P_m}{\frac{1}{n}} \backsimeq -cP(x)$$

과제 a) (**)를 $P(x)$로 나누시오. 그리고 0에서 h까지 적분하시오. 그리고 나서 $P(h)$에 따라 방정식을 푸시오.

$P(0) = 768\text{mmHg}(1\text{mmHg} = 1\text{Torr})$였다. 200m 높이에서 기압은 단지 750토르였다.

$$\frac{P'(x)}{P(x)} = -c$$

$$\lim[P(h)] - \lim[P(0)] = -ch$$

과제 b) 상수 c를 구하시오. 계속하여 기압이 732토르였던 마을은 얼마나 높은 위치에 자리하고 있는지 계산하시오.

모험 20

우리가 먼저 기억할 것은 지구를 도는 달의 궤도뿐 아니라 태양도 대략 한 평면에 놓여 있다는 것이다(그렇지 않으면 월식과 일식의 기회는 아주 적을 것이다). 이 평면에서 스케치를 해 보시오.

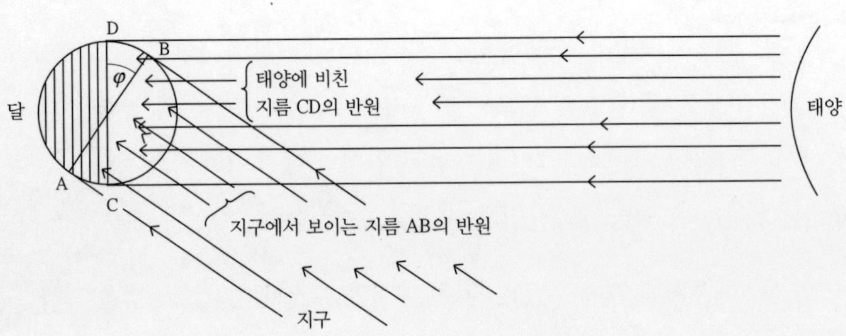

같은 형태의 달의 운행으로 인하여 보름달($\varphi=0°$)과 반달($\varphi=90°$)의 중간 시기에 속한 각도는 $\varphi=45°$ 이다. 그러면 지름 CD를 가진 원 K_1이 어떻게 지름 AB를 가진 같은 크기의 45°로 도는 원 K_2 위에 투사될 수 있는가가 의문시된다(왜냐하면 이러한 투영은 바로 지구에서 볼 수 있는 투영된 달의 표면이기 때문이다). 달의 중심점이 영점이 되고, x축이 직선 CD 내지는 AB가 되고, y축은 표시된 평면으로부터 유출된 수직이 되도록 좌표계를 표시하시오. 달은 반경 1을 갖는다고 한다. 원 K_1 위의 한 점(x_1, y_1)은 방정식 $x_1^2 + y_1^2 = 1$을 충족시킨다. 투영 시에 y 좌표는 변하지 않는다. 그러나 x 좌표는 $\cos\varphi$배로 작아진다.

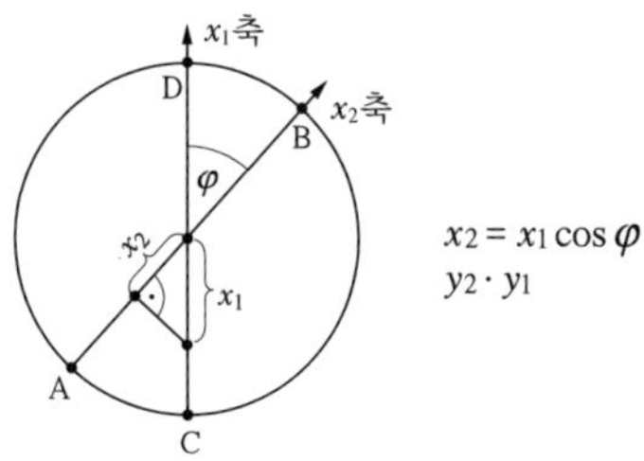

즉 투영은 방정식을 만족시킨다.

$$\left(\frac{x_2}{\cos\varphi}\right)^2 + y_2^2 = 1$$

(다르게 표현하면, 투영은 하나의 타원이다.) 지구에서 우리는, 한편으로는 빛나는 달의 면을, 물론 완전한 반원을, 다른 한편으로는 위의 방정식의 타원의 반원을 보게 된다.

과제 치환을 이용하여

$$\int_0^{\cos\varphi} \sqrt{1 - \left(\frac{x}{\cos\varphi}\right)^2}\, dx$$

(= 1/4 타원의 표면)를 계산하면서, 지구에서 보이면서 빛나는 달의 면이 차지하는 몫을 백분율로 계산하시오.

$$\frac{x}{\cos\varphi} = \sin\theta$$

$$dx = \cos\varphi\cos\theta d\theta$$

$$\int_0^{\cos\varphi}\sqrt{1-\left(\frac{x}{\cos\varphi}\right)^2}\,dx = \int_0^{\frac{\pi}{2}}\sqrt{1-\sin^2\theta}\cos\varphi\cos\theta d\theta$$

$$=\int_0^{\frac{\pi}{2}}\cos\varphi\cos^2\theta d\theta = \int_0^{\frac{\pi}{2}}\cos\varphi\frac{\cos2\theta+1}{2}d\theta$$

$$=\frac{1}{2}\cos\varphi\left[\frac{1}{4}\sin2\theta+\frac{1}{2}\theta\right]_0^{\frac{\pi}{2}}$$

$$=\frac{1}{2}\cos\varphi\cdot\frac{\pi}{4}=\frac{1}{8}\cos\varphi$$

모험 21

고압선은 다음 방정식에 따라 늘어져 있다.

$$y = f(x) = \frac{1}{c}\left(\frac{e^{cx}+e^{-cx}}{2}-1\right)$$

이때 영점은 선이 제일 많이 늘어진 부분을 의미하며, x축은 지평선을, y축은 수직을 표시하도록 좌표계가 그려진다(이에 대해 모험 66을 보시오). 동시에 c는 미지의 수이다. 하지만 $f(100)=20$이라는 것을 우리는 알고 있다.

과제 a) c와의 연관 속에서 $f(x)$를 테일러 전개 하시오. 그리고 테일러 전개에서 x^2항까지 구하고, $f(100)=20$을 이용하여 상수 c를 구하시오(여기서 나타날 오차가 2% 미만이라는 것이 증명 없이 인지될 것이다).

그러면 우리는 f의 함수를 알 수 있다.

$$f(0) = 0$$

$$f'(x) = \frac{e^{cx}-e^{-cx}}{2} \qquad \therefore f'(0) = 0$$

$$f''(x) = c \cdot \frac{e^{cx} + e^{-cx}}{2} \qquad \therefore f''(0) = c$$

테일러 전개

$$f(x) = f(0) + f'(0)x + \frac{f''(0)}{2!}x^2$$

$$\therefore f(x) = \frac{c}{2}x^2$$

$$f(100) = \frac{c}{2} \cdot 100^2 = 200$$

$$\therefore c = \frac{1}{25}$$

과제 b) 이제 다음과 같은 공식을 이용하여 선의 길이를 계산하시오.

$$\text{길이} = \int_a^b \sqrt{1 + [f'(x)]^2}\, dx$$

$$f'(x) = \frac{e^{cx} - e^{-cx}}{2}$$

$$1 + \left[f'(x)\right]^2 = 1 + \frac{e^{2cx} + e^{-2cx} - 2}{4} = \left(\frac{e^{cx} + e^{-cx}}{2}\right)^2$$

$$\therefore \text{길이} = \int_0^{200} \frac{e^{cx} + e^{-cx}}{2}\, dx$$

$$= \frac{1}{2c}\left[e^{cx} - e^{-cx}\right]_0^{200} = \frac{1}{50}(e^8 - e^{-8})$$

모험 22

R가 바퀴의 반경이라 하자. 처음에 중심점 M은 좌표 (0, 0)을 갖는다고 한다. 바퀴가 속도 v로 x축의 방향으로 달리면, M은 t초 후에 좌표 $(vt, 0)$을 갖는다. 특별히 $vt_1 = 2\pi R$라면, 바퀴는 한 번 공전하였다. 한 바퀴 완전히 도는 데 필요한 시간은 $2\pi R/v$초이다. 덮개 위의 P점이 처음에 좌표 (0, R)를 갖게 되면, 그 점은 t초 후에 (그동안 돌아간) M점과 관련하여 다음의 좌표를 갖게 된다.

$$\left(R\sin\frac{v}{R}t,\ R\cos\frac{v}{R}t\right)$$

P는 변하지 않는 점 (0, 0)과 관련하여 다음의 좌표를 갖는다.

$$\left(vt+R\sin\frac{v}{R}t,\ R\cos\frac{v}{R}t\right)$$

다음을 풀어 보시오.

과제 a) $\sqrt{2+2\cos\varphi}=2\,|\cos\dfrac{\varphi}{2}|$

$$\sqrt{4\times\frac{1+\cos\varphi}{2}}=2\sqrt{\frac{1+\cos\varphi}{2}}=2\sqrt{\cos^2\frac{\varphi}{2}}=2\left|\cos\frac{\varphi}{2}\right|$$

과제 b) 이제 한 바퀴 완전히 도는 동안에 P점의 거리를 계산하시오 ($0\leqq t\leqq 2\pi R/v$). 여기서 굴곡에 대한 길이 공식을 사용할 수 있다.

$$길이=\int_a^b\sqrt{[\varphi_1'(t)]^2+[\varphi_2'(t)]^2}\,dt$$

$$\varphi_1=vt+R\sin\frac{v}{R}t$$

$$\varphi_1'=v+v\cos\frac{v}{R}t$$

$$\varphi_2=R\cos\frac{v}{R}t$$

$$\varphi_2'=v\sin\frac{v}{R}t$$

$$\therefore\ 길이=\int_a^b\sqrt{2v^2+2v^2\cos\frac{v}{R}t}=\int_a^b\sqrt{x+x\cos\frac{v}{R}t}\,dt$$

$$=2v\int_a^b\left|\cos\frac{v}{2R}t\right|dt=4v\int_0^{\frac{\pi}{2}}|\cos\theta|\,d\theta\cdot\frac{2R}{v}$$

$$=8R\left[\sin\theta\right]_0^{\frac{\theta}{2}}=8R$$

과제 c) 이제 자전거의 평균 속도 v와 비교하여 덮개 위의 P점의 평균 속도가 얼마나 더 큰지 계산하시오(두 속도 사이의 숫자는 한 바퀴 도는 동안 뒤에 남겨진 거리의 숫자로 나타난다).

자전거의 속도 V

P점의 속도 $= \dfrac{8R}{\dfrac{2\pi R}{V}} = \dfrac{4V}{\pi} \quad \therefore \dfrac{4}{\pi}$배

모험 23

F는 스케치 위에서처럼 한 표면이라고 가정한다. 이 표면은 두 함수 $f_1(x)$와 $f_2(x)$에 의해 기술된다. $S=(s_1,\ s_2)$가 F의 중심점이면, 다음의 공식이 정당할 것이다.

$$\int_a^b \left[\int_{f_1(x)}^{f_2(x)} (y - s_2)\, dy \right] dx = 0$$

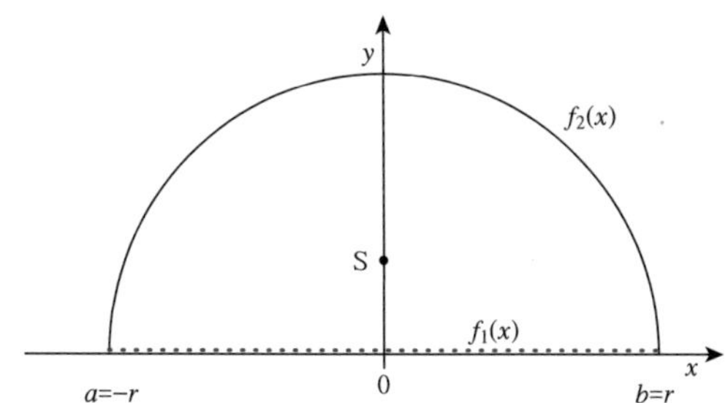

과제 다음을 나타내시오.

$$s_2 = \frac{\int_a^b \{[f_2(x)]^2 - [f_1(x)]^2\}\, dx}{2\int_a^b [f_2(x) - f_1(x)]\, dx}$$

그리고 계속하여 반경 r와의 관계 속에서 반원의 중심점 S를 계산하시오.

높은 케이크와 비교하면 가벼운 쟁반의 무게는 무시될 수 있으므로 우

리는 프리츠의 손가락이 어느 지점에 있었는지 알 수 있다.

모험 24

먼저 평면에 타원의 방정식을 써 보시오.

$$\frac{x^2}{r_1^2}+\frac{y^2}{r_2^2}=1$$

r_1과 r_2는 두 개의 정점이다. 우리는 이 타원을 x축 주위로 회전시키고, 회전 물체의 부피에 대한 공식을 사용할 수 있다.

과제 r_1, r_2로 기술된 회전 타원면의 부피를 구하라.

동시에 두 개의 멜론 중 어떤 것이 더 양이 많은지 간단하게 확인할 수 있다.

$$v=2\int_0^{r_1}\pi y^2\,dx=2\int_0^{r_1}\pi\left(1-\frac{x^2}{r_1^2}\right)r_2^2\,dx$$

$$=2\pi r_2^2\left[x-\frac{x^2}{3r_1^2}\right]_0^{r_1}=\frac{4}{3}\pi r_2^2 r_1$$

모험 25

23.5°(=북쪽 회귀선)와 −23.5°(=남쪽 회귀선) 사이의 위도를 가진 지역은 언젠가 한 번 정점에 있는 태양을 보게 된다. 우리는 지구를 다시 공으로 파악한다(편평도가 약 1/297일 뿐이므로 사소한 오차를 가짐). 이 두 개의 위도를 가진 지구의의 표면은 x축 주위를 회전하는 원의 선분의 표면으로 파악된다(지구 반지름=1).

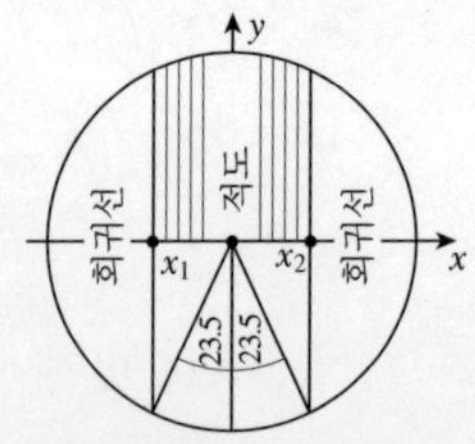

$x_1=-\sin 23.5°$ $x_2=\sin 23.5°$

$$[(x,\ y) : y=\sqrt{1-x^2}\ \text{그리고}\ \sin(-23.5°) \leqq x \leqq \sin(23.5°)]$$

과제 다음의 공식을 이용하라.

$$\text{표면적}=2\pi \int_a^b f(x)\sqrt{1+[f'(x)]^2}\,dx$$

그리고 그와 함께 질문된 백분율의 몫을 계산하시오.

$$2\pi \int_{-23.5}^{23.5} \sqrt{1-x^2}\sqrt{1+[f'(x)]^2}\,dx$$

$$f'(x) = \frac{\left(1-x^2\right)^{-\frac{1}{2}}}{2\sqrt{1-x^2}} = \frac{1}{2}\cdot\frac{2x}{\sqrt{1-x^2}\,(1-x^2)}$$

$$\therefore\ 2\pi \int_{-23.5}^{23.5} \sqrt{1-x^2}\sqrt{1+\frac{x^2}{(1-x^2)(1-x^2)^2}}\,dx$$

$$=2\pi \int_{-23.5}^{23.5} \sqrt{1-x^2}\sqrt{1+\frac{x^2}{(1-x^2)(1-2x^2+x^2)}}\,dx$$

$$=2\pi \int_{-23.5}^{23.5} \frac{\sqrt{(1-x^2)(1-2x^2)+x^2}}{\sqrt{1-2x^2}}$$

$$=2\cdot 2\pi \int_0^{23.5} 1\cdot\sqrt{1+0}\,dx = 4\pi\left[\frac{23.5}{4}\right]$$

모험 26

$v(t)$는 시각 t에 나타난 바퀴의 속도라 하자. 가속은 중력에 의해 야기된 가속과(모험 10에 따르면 $g\sin\varphi$과 같으며 동시에 경사각을 의미한다), 마찰력을 통해 야기된 대립된 가속의 [더 작은 속도 $v(t)$에서 $v(t)$에 비례하는] 합계로서 생겨난다. 그래서 우리가 얻게 되는 것은 미지의 비례상수 c와 함께 다음의 공식을 갖게 된다.

$$\dot{v}(t)=g\sin\varphi - cv(t)$$

과제 a) 초기 조건 $v(0) = 0$하에서 이 미분 방정식을 푸시오.

$v(t) = e^{-h}\left[e^{h} rdt + c\right]$

$h = \int cdt = ct$

$r = g\sin\varphi$

$\therefore v(t) = e^{-ct}\left[\frac{1}{c}e^{ct} g\sin\varphi + c\right] = ce^{-ct} + \frac{1}{c}g\sin\varphi + c$

$v(0) = c + c = 0$

$c = -c$

$\therefore v(t) = ce^{-ct} + \frac{1}{c}e^{ct} g\sin\varphi \cdot t - c$

과제 b) 불변의 φ와 c에서 최고 속도를 정하시오.

${}^{v}M = \lim_{t\to\infty} v(t)$

$\frac{dv}{dt} = 0$

$\therefore \dot{v}(t) = g\sin\varphi - cv(t) = 0$

$\therefore v(t) = \frac{g}{c}\sin\varphi = {}^{v}M$

과제 c) $\varphi=$ $\arctan\frac{9}{100}$, ${}^{v}M = 50\text{km/h} = ?\text{m/sec}$일 때 c를 계산하고,

$v(t) = \frac{8}{10}{}^{v}M$에서 t를 구하시오.

$y = e^{-ct} + c + \frac{1}{c}g\sin\varphi = 0$

$y = \frac{1}{c}g\sin\varphi$

$g\sin\varphi = c^{2}$

$v(t) = e^{-ct} + c + \frac{1}{c}g\sin\varphi$

$v(0) = c + c + \frac{1}{c}g\sin\varphi = 0$

$\frac{1}{c}g\sin\varphi = -2c$

(여기서 $g < 0 \rightarrow g\sin\varphi\,(0 < g < \frac{\pi}{2})$ 이므로 $\frac{g\sin\varphi}{-2} > 0$

$\therefore c = \frac{\sqrt{-g\sin\varphi}}{\sqrt{2}}$

$v_{p} = uv_{1}$

$$uv_1 + u'v_1 + uv_1 = g\sin\varphi$$

$$u'v_1 = g\sin\varphi$$

$$\therefore v = \int \frac{g\sin\varphi}{ce^{-ct}}\,dt = \frac{1}{c}\,g\sin\varphi \int e^{ct}\,dt = \frac{1}{c^2}\int e^{ct}$$

$$= \frac{1}{c^2}\,g\sin\varphi e^{ct}$$

$$\therefore v = pe^{-ct} + p + \left(\frac{1}{c^2}\,g\sin\varphi e^{ct}\right)\cdot e^{-ct}$$

$$p + \frac{1}{c^2}\,g\sin\varphi = 0$$

$$p = -\frac{1}{c^2}\,g\sin\varphi$$

$$\therefore v = -\frac{1}{c^2}\,g\sin\varphi e^{-ct} + \frac{1}{c^2}\,g\sin\varphi$$

$$\lim_{t\to\infty} v(t) = \frac{1}{c^2}\,g\sin\varphi = {}^{v}M$$

$${}^{v}M = 50km/h \qquad \Rightarrow \quad g = 9.8m/\sec$$

$$\sin\varphi = \sin\left(\arctan\frac{\varphi}{100}\right)$$

$${}^{v}M = \frac{1}{c^2}\cdot 9.8\,(m/\sec)\times\sin(\arctan\frac{9}{100}) = 14m/\sec$$

모험 27

먼저 스케치를 해 보시오.

$l = 3m$

$g = 9.81msec^{-2}$

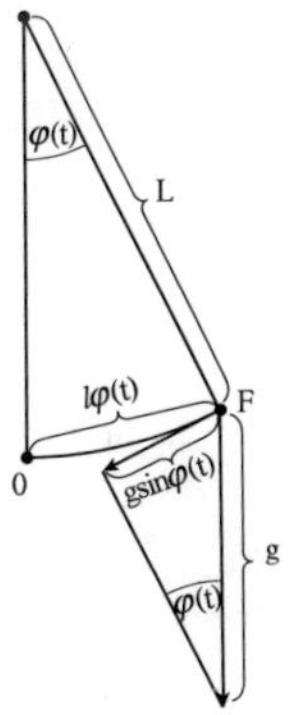

$\varphi(t)$는 t시각에 그네의 줄이 수직선과 이루는 각도라고 가정한다(오른쪽으로는 양의, 왼쪽으로는 음의). 모든 질량은 실제로 한 점 F(=프리츠)에 집중해 있다(그넷줄이 길이 l임에도 깃털처럼 가벼운 데다 프리츠가 웅크리고 앉아 있기 때

문이다). t = 0에서 프리츠는 가장 낮은 점 0을 통과해 바로 한 번 돈 것이다. 그러면 $s(t)$는 t시점까지 뒤에 남겨진 거리일 것이다(왼쪽으로의 진동에서 다시 음으로 계산됨). 결과는 다음과 같이 나타난다.

$$s(t) = l\varphi(t)$$

프리츠가 경험하는 가속도는

$b(t) = l\ddot{\varphi}(t)$이다.

다른 측면에서 이 가속도는(스케치나 모험 10을 비교) 다음과 같다.

$$b(t) = -g\sin\varphi(t)$$

(마이너스는 가속이 왼쪽 방향이기 때문에 생긴 것이다.)

작은 진동각 $\varphi(t)$에 대해 $\sin\varphi(t) \backsimeq \varphi(t)$이기 때문에 결과는 다음과 같이 나타난다.

$$g\varphi(t) + l\ddot{\varphi}(t) = 0$$

과제 a) 초기 조건 $\varphi(0)=0$에서 이 미분 방정식의 일반적인 해답을 제시하시오.

$$\ddot{\varphi}(t) = -\frac{g}{l}\varphi(t)$$

$$\varphi(t) = A\cos\sqrt{\frac{g}{l}}\,t + B\sin\sqrt{\frac{g}{l}}\,t$$

과제 b) 프리츠가 그네를 한 번 타는 데 얼마나 걸리는가? 이 시간이 최대의 진동각 φ_0의 (φ_0이 '작은' 각으로 머무는 한) 크기에 좌우되는가?

주기 $T = \frac{2\pi}{w} = 2\pi\sqrt{\frac{l}{g}}$

T는 φ와 무관, g와 l에 좌우됨.

참조 $|\varphi(t)| \leqq \varphi_0$에 대해 $\sin\varphi(t) \backsimeq \varphi(t)$를 사용하였다. $|\varphi_0| \leqq 15°$에서 오차는 1%보다 약간 크다. 더 큰 각에 대해서는 그 오차가 더 커진다. 이에 대해 모험 71에서 더 깊이 다루어질 것이다.

돌은 수직으로 호수에 떨어진다. 그렇지 않다면 같은 항목이 모험 26에서처럼 가능해진다(단, 지금은 $\varphi = 90°$ 이다). 그러므로 작은 속도 $v(t)$에서 우리는 다음의 공식을 얻게 된다.

$$\dot{v}(t) = g - cv(t)$$

여기서 미지의 상수 c는 둥근 모양의 돌이 갖는 질량과 크기, 그리고 주위 매체의 마찰(이 경우에는 물의 마찰)에 좌우된다.

과제 a) 초기 조건 $v(0)=0$에서 이 미분 방정식을 구하시오.

$s(t)$는 t시점까지 지나간 거리를 나타낸다. 물론 $\dot{s}(t) = v(t)$이다.

$$V = pe^{-ct} + \frac{g}{c} \quad (c : \text{마찰 계수},\ p : \text{적분 상수})$$

$$p = -\frac{g}{c}$$

과제 b) 초기 조건 $s(0)=0$에서 c에 좌우되는 $s(t)$를 구하시오.

$$s(t) = -\frac{g}{c}e^{-ct} + \frac{g}{c}t - \frac{g}{c^2}$$

과제 c) 방정식 $s(1)=1$로부터 뉴턴의 법칙에 따라 상수 c를 계산하시오. 이에 대한 등가는 (여러분도 이것을 알아차렸기를 바라며) 다음과 같다.

$$f(c) \underset{Def.}{=} c^2 - gc + g(1 - ce^{-c}) = 0$$

이 방정식은 (증명할 필요 없이) 바로 c에 대한 두 개의 답을 갖는다. 뉴턴의 근사법으로 이 방정식을 해결할 수 있도록 시도해 보시오(먼저 $c_1=1$로 시작하시오. 두 번째에서는 $c_1=10$으로 시도해 보시오. 두 경우에서 각각 오차에 대한 계산 없이 3단계를 완성해 보시오). 구해진 c를 $v(t)$에 대한 방정식에 넣어 보면, 두

값 중 하나가 물리적으로 거의 의미가 없게 나타난다는 것을 알아챌 것이다.

$$x_{n+1} = x_n - \frac{f(x_n)}{f'(x_n)}$$

$$c_2 = c_1 - \frac{f(c_1)}{f'(c_1)'}$$

과제 d) 물의 깊이[$=s(10)$]를 계산하시오!

모험 29

x로 카를의 몸무게를, y로 카트린의 몸무게를, 그리고 z로 수지의 몸무게를 나타내시오. 그러면 세 사람의 시소 타기는 다음과 같은 방정식을 나타낸다.

$$3z = 1x + 2y \quad \cdots ①$$

$$1x + 3z = 3 \cdot 60 + y \quad \cdots ②$$

$$4y + 2z = 3 \cdot 60 + 2x \quad \cdots ③$$

과제 이 방정식의 해를 구하시오.

①+② $6z = 3y + 180$

$2z = y + 60$

②×2+③ $8z = -2y + 540$

$4z = -y + 270$

$6z = 330 \quad \therefore z = 55,\ y = 50,\ x = 65$

모험 30

프리츠가 사진을 찍는 장소가 영점이 되고, x축이 동쪽을 향하고, y축이 북쪽을 향하며, z축이 수직으로 위를 향하게 좌표계를 그리시오. 그러면 바닥에 놓인 남동쪽 모퉁이는 좌표 (52, 50, −10)을 나타내고, 지붕 아래 놓인 북서쪽 모퉁이는 좌표 (40, 62, 25)를 나타낸다.

과제 이 두 벡터 사이의 각도를 구하시오.

$$\vec{a} = (52,\ 50,\ -10)$$

$$\vec{b} = (40,\ 62,\ 25)$$

$$c\cos\theta = \frac{\vec{a}\cdot\vec{b}}{|\vec{a}||\vec{b}|} = \frac{52\times40 + 50\times62 - 25\times10}{\sqrt{52^2+50^2+10^2}\sqrt{40^2+62^2+25^2}}$$

참조 정확하게 하기 위해 똑같은 것을 바닥에 놓고 북서 모퉁이와 지붕에 있는 남동 모퉁이를 계산해 보아야 할 것이다. 하지만 그 결과는 별로 차이가 없다.

모험 31

안테나의 밑이 영점이 되고, x축이 동쪽을 향하고, y축이 북쪽을 향하며, z축이 수직으로 위를 향하도록 좌표계를 그리시오. 지붕 용마루가 북서를 가리키고, (희망컨대) 지평선으로 놓여 있기 때문에 벡터(−1, 1, 0)는 지붕 평면에 놓인다. 게다가 이 벡터에 수직이고 지붕 평면에 놓인 벡터 $\vec{v_D}$가 지붕의 가장 크게 경사진 방향을 가리킨다(최소한 상당히 직선으로 지어진 모든 지붕의 경우). 우리는 $\vec{v_D}$를 구하고자 한다. 이에 대해 우리가 기억해야 할 것은 입춘에는 (입추에도 마찬가지로) 태양이 모험 7에 의하면 다음의 좌표를 갖는다는 것이다.

$$(*)\qquad \vec{v_S} = \left(-R\sin\frac{t}{12}\pi,\ -R\cos\psi\cos\frac{t}{12}\pi,\ R\sin\psi\cos\frac{t}{12}\pi\right)$$

여기서 $t=2$, $\psi=(90^\circ-52^\circ)$를 대입할 수 있다(52°는 대략 프리츠가 사는 집의 지리적인 위도이다). 이제 그림자 방향에 대한 전제를 말하자면 $\vec{v_S}$는 수직으로 $\vec{v_D}$ 위에 서 있다. 그래서 $\vec{v_D}$는 척도의 구정에 이르기까지 벡터곱 $\vec{v_S}\times(-1,\ 1,\ 0)$ 과 동일하다.

과제 a) $\overrightarrow{vs}\times(-1, 1, 0)$을 구하시오.

이 벡터가 좌표 (a, b, c)를 갖는다면, 지붕의 가장 큰 경사는 벡터 (a, b, c)와 (a, b, 0) 사이의 α각에서와 같다.

$$\begin{vmatrix} i & j & k \\ v_x & v_y & v_z \\ -1 & 1 & 0 \end{vmatrix} = (-v_z,\ v_z,\ v_x + v_y)$$

$$=(-R\sin\varphi\cos\frac{t}{12}\pi,\ R\sin\varphi\cos\frac{t}{12}\pi,$$
$$-R\sin\frac{t}{12}\pi + R\sin\varphi\cos\frac{t}{12}\pi)$$

과제 b) 스칼라곱을 이용하여 이 각을 구하시오.

$$\cos\alpha = \frac{a^2+b^2}{\sqrt{a^2+b^2+c^2}+\sqrt{a^2+b^2}}$$

모험 32

모험 31에서와 같은 좌표계를 그리시오. 지붕의 평면 E는 벡터 (−1, 0, 0)과 (a, b, c)로 인하여 주어진다. 안테나의 꼭대기는 좌표 (0, 0, 3)을 갖는다. 태양의 방향을 여러분은 모험 31의 (∗)에 따라 계산할 수 있을 것이다. 그러면 안테나 꼭대기를 통과해 가는 태양 광선을 나타내는 직선 G는 다음 공식을 갖는다.

평면 E의 방정식 : $(-1, 0, 0)\cdot\overrightarrow{v_s}=0$

$G=\{ (0, 0, 3) + t\overrightarrow{vs} : t \in \mathbb{R}\}$; (0, 0, 3)을 지나고 v_s를 방향 벡터로 갖는 직선의 방정식

과제 a) E와 함께 G의 교점을 규정하시오.

이 교점은 좌표 (u, v, w)를 가지며, w는 수선의 발에서 측량한 지붕 용마루의 높이를 나타낸다.

과제 b) 안테나는 지붕 용마루보다 얼마나 더 높은가?

모험 33

무가 재배될 필지의 수가 x라면, y는 보리, z는 감자를 심을 필지를 나타낸다고 가정하자. 그러면 다음의 초기 조건들이 주어진다.

$x \geqq 0,\ y \geqq 0,\ z \geqq 0$

$x+y+z \leqq 60$ (모든 필지를 합하여 최대한 60필지)

$20x+10y+30z \leqq 900$ (모든 시간을 합하여 최대 900시간)

과제 이 조건들하에서 함수 $300x+200y+500z$의 최댓값을 구하시오.

모험 34

a_n의 수열로 계산할 수 있으며, $a_1=1,\ a_2=2.\ a_{n+1}=a_n+a_{n-1}$을 통해 값 $\sum_{i=1}^{64} a_i$가 정의된다. 이제 $a_{n+1}=a_n+a_{n-1}$과 함께 모든 수열의 $\{a_n\}$의 총합 F를 살펴보시오.

과제 a) 어떤 $c \in \mathbb{C}$에 대해 수열 $\{c^n\}$이 F에 속하는가?

$\{1, 2, 3, 5, 8, 13, 21, 34 \cdots\cdots\}$

과제 b) $\{c_1^n\}, \{c_2^n\} \in$ F라 하자. $a_n=\lambda_1 c_1^n+\lambda_2 c_2^n$이 처음의 조건 $a_1=1,\ a_2=2$를 충족하도록 , $\lambda_1,\ \lambda_2 \in \mathbb{C}$ 를 구하시오.

과제 c) $\sum_{i=1}^{64} a_i$를 구하시오.

$$a_{n+1}=a_n+a_{n-1} \quad \therefore n \geqq 2$$
$$a_3=a_2+a_1$$
$$a_4=a_3+a_2$$
$$\vdots$$
$$a_{n+1}=a_n+a_{n-1}$$
$$a_{n+1}-a_2=\sum_{i=1}^{n-1} a_i \quad \therefore n=65$$
$$a_{66}-a_2=\sum_{i=1}^{64} a_i$$

모험 35

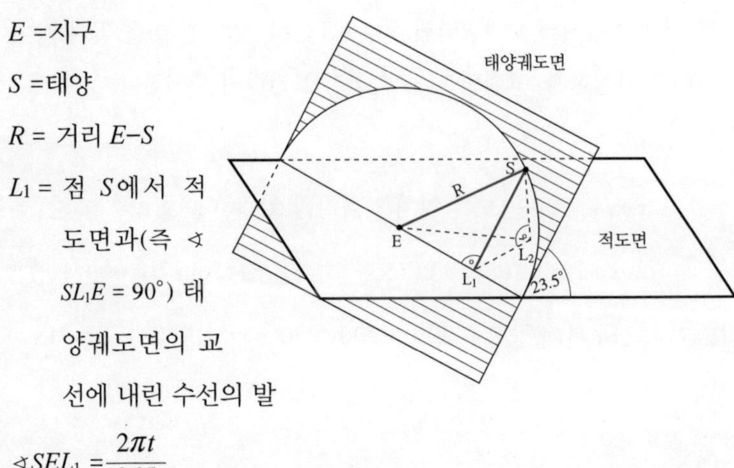

E =지구

S =태양

R = 거리 E–S

L_1 = 점 S에서 적도면과(즉 $\sphericalangle SL_1E = 90°$) 태양궤도면의 교선에 내린 수선의 발

$$\sphericalangle SEL_1 = \frac{2\pi t}{365}$$

$$\sphericalangle SL_1L_2 = 23.5°$$

지구는 일정한 궤도 속에서 365일 동안 태양의 둘레를 돌고 있다고 간단히 생각할 수 있다. 이 궤도는 적도면(=적도를 통과하는 지구의 평면)과 23.5°의 각(=황도=회귀선의 지리적인 위도)을 이룬다. 또한 좌표계로 바꾸어서, 태양이 23.5°로 적도면에 기우는 궤도 위에서 지구를 일 년에 한 번 돈다고 가정할 수 있다. 여기서 교선 태양궤도면/적도면(직선 EL_1)과 태양의 거리는 입춘(3월 21일, 이는 태양이 적도면 안에 있는 날이다) 후 t시점에서 $\overline{SL_1} = R\sin(2\pi t/365)$와 같다. L_2는 태양에서 적도면에 내린 수선의 발이다(그러므로 $\sphericalangle L_1L_2S = 90°$이며 $\sphericalangle EL_2S = 90°$이다. 스케치를 보라). 이와 함께 다음 문제들을 풀어 보시오.

과제 a) $\varphi = \sphericalangle SEL_2$ (=태양이 t날 정오에 정점에 서 있는 지역의 지리적인 위도)이면, 다음의 공식이 성립한다.

$$\sin\varphi = \sin(23.5°)\ \sin(2\pi t/365)$$

과제 b) 프리츠의 그림자 길이를 이용하여 그가 있는 장소에서 태양의 최고점의 각도를 구하시오.

$\tan\alpha = \frac{180}{60} = 3 \quad \therefore \alpha = \tan 3$

이제 프리츠는 위에서 계산된 위도 φ 로부터 $(90°-\alpha)$ 위도 떨어져 있다(그리고 북쪽 방향인데 이는 프리츠가 태양을 남쪽에서 보았기 때문이다).

과제 c) 과제 a)에 $t = -60$을 집어넣고 과제 b)를 이용하면서 프리츠의 지리적인 위도 b_A를 계산하시오.

뮌스터(=지역 B)의 경도에 대해 프리츠가 있는 지역 A의 경도가 갖는 차이는 태양이 프리츠가 살던 집에서보다 한 시간 더 빨리 자오선을 경과한다는 사실에서 얻어진다. 24시간은 지구의 일회전(=360 경도)을 의미하기 때문에, 한 시간은 15경도에 상응한다. 그러면 d=15° 이다.

이제 지리적인 위도 b_A를 갖는 지역 A가 위도 b_B를 갖는 지역 B에 대한 거리를 보여 주는 관계를 이끌어 내시오(이 경우에 뮌스터 위도는 ≂52° 이다). 여기서 지리적인 거리에 대한 차이는 다시 d라 한다. 그리고 r는 지구 반경을 나타낸다(r=6,370km). 그러면 지구 중심점 M이 영점이고, 평면 $\{(x, y, 0)\}$이 적도면을 의미하고, 지역 A의 좌표를 y 성분이 0이 되도록 좌표로 나타내시오. 이제 좌표 A와 B를 계산하시오(이는 물리학자들이 사용하는 구면좌표이다).

과제 d) $\varphi_A = 2\pi b_A/360$, $\varphi_B = 2\pi b_B/360$, $\varphi = 2\pi d/360$

$A=(r\cos\varphi_A,\ 0,\ r\sin\varphi_A)$

$B=(r\cos\varphi_B\cos\varphi,\ r\cos\varphi_B\sin\varphi,\ r\sin\varphi_B)$

스칼라곱을 수단으로 각 φ := ∢AMB를 얻게 된다. $C=r\varphi$ 이다 [φ 는 호도(라디안)로 얻어졌다]. 이와 함께 다음을 나타내시오.

과제 e) 점 A와 점 B 사이에 있는 지구 위의 떨어진 거리에 대해 다음의 공식이 적용된다.

$$C = r\arccos(\sin\varphi_A \sin\varphi_B + \cos\varphi_A \cos\varphi_B \cos\varphi)$$

과제 f) 이제 뮌스터와 프리츠 사이의 거리를 계산하시오.

모험 36

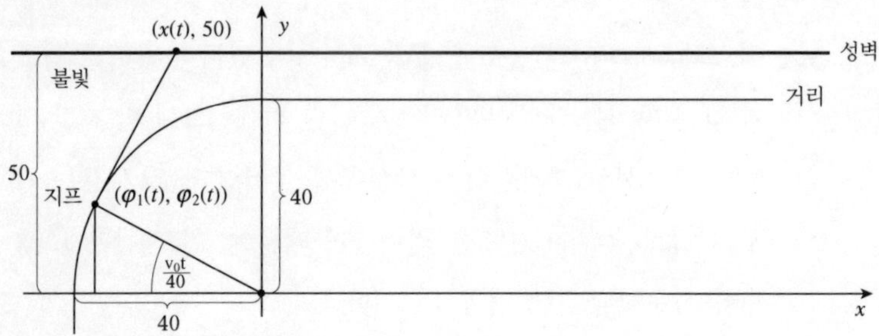

스케치에 상응하는 좌표계를 그리시오. 지프가 속도 v_0[m/sec]를 갖는다면, 지프는 t초 후에 40m 반경을 갖는 전체 궤도(완전한 원)의 부분 $\frac{v_0 \cdot t}{40 \cdot 2\pi}$를 차지한다. 즉 t초 후에 다음의 좌표를 나타낸다.

$$\left(-40\cos\frac{v_0}{40}t,\ 40\sin\frac{v_0}{40}t\right) \underset{Def.}{=} [\varphi_1(t),\ \varphi_2(t)]$$

과제 a) $\varphi_1, \varphi_2 : [a, b] \to \mathbb{R}$가 연속이고 $t_0 \in (a, b)$에서 $\varphi_1'(t_0) \neq 0$인 미분 가능한 함수이다. 매개 변수 곡선 $[\varphi_1(t), \varphi_2(t)]$에서 점 $[\varphi_1(t_0), \varphi_2(t_0)]$의 접선의 기울기는 $\varphi_2'(t_0)/\varphi_1'(t_0)$을 갖는다는 것을 나타내시오{힌트 직선의 기울기는 $[\varphi_1(t_0), \varphi_2(t_0)]$과 $[\varphi_1(t_0+\varepsilon), \varphi_2(t_0+\varepsilon)]$를 통해 계산하시오}.

접선은 $y = ax + b$의 형태를 가지고, 여기서 a는 기울기, $\varphi_2(t_0) = a\varphi_1(t_0) + b$이다. 접선과 성벽 ≙ $\{(x, y) : y = 50\}$의

교점을 계산할 수 있다. 이와 함께 t시점에 불빛 $[x(t), 50]$의 장소를 얻을 수 있다.

$x=\varphi_1(t),\ y=\varphi_2(t)$라 두면

$$\left.\frac{dx}{dt}\right|_{t=t_0}=\lim_{\varepsilon\to 0}\frac{\varphi_1(t_0+\varepsilon)-\varphi_1(t_0)}{\varepsilon}=\varphi_1{}'(t_0)$$

$$\left.\frac{dy}{dt}\right|_{t=t_0}=\lim_{\varepsilon\to 0}\frac{\varphi_2(t_0+\varepsilon)-\varphi_2(t_0)}{\varepsilon}=\varphi_2{}'(t_0)$$

$\varphi_1,\ \varphi_2$가 미분 가능한 함수이므로

$$\left.\frac{dy}{dx}\right|_{t=t_0}=\frac{\left.\frac{dy}{dt}\right|_{t=t_0}}{\left.\frac{dx}{dt}\right|_{t=t_0}}=\frac{\varphi_2{}'(t_0)}{\varphi_1{}'(t_0)}$$

또, 접선의 방정식이 $[x(t),50]$을 지나므로

$\varphi_2(t)=\left.\frac{dy}{dx}\right|_{t=t_0}[\varphi_1(t)-x(t)]+50$이고 $\frac{v_0}{40}=k$

$$40\sin kt=\cot kt_0[-40\cos kt-x(t)]+50$$

$$40\sin kt+40\cot kt_0\cos kt-50=-\cot kt_0\,x(t)$$

$$x(t)=-\tan kt_0\,40\sin kt-40\frac{\cot kt_0}{\cot kt_0}\cot kt+\frac{50}{\cot kt_0}$$

$$=50\tan kt_0-40\cos kt-40\sin kt\tan kt_0$$

$$=40\cos kt-40\sin nkt\tan kt_0\,40\left(\frac{\cos k^2 t\sin k^2 t}{\cos kt}\right)$$

$$=40\sec kt$$

과제 b) 다음을 나타내 보시오.

$x(t)=50\tan(v_0 t/40)-40\sec(v_0/40)t$

t시점에 불빛의 속도 $v(t)$는 물론 미분을 통해 나타난다.

과제 c) $v(t)$를 계산하시오.

방정식 $v(t)=v_0$을 해결하기 위해서 $\sin\left(\frac{v_0}{40}t\right)=z$를 넣으시오.

$$v(t)=x'(t)=50k\sec^2 kt-v_0\sec kt\tan kt$$

$$v(t) = 50k\frac{1}{\cos^2 kt} - v_0\frac{\sin kt}{\cos^2 kt}$$

$$= 50k\frac{1}{1-z^2} - v_0\frac{z}{1-z^2}$$

과제 d) $v(t) = v_0$을 갖는 t를 계산하시오.

$$\frac{(2z-1)^2}{(1-z)(1+z)}$$

$$z = \frac{1}{V}\cdot\sin\frac{v_0}{40}t = \frac{1}{z}$$

$$\frac{v_0}{40}t = \frac{\pi}{3} \qquad \therefore t = \frac{40\pi}{3v_0}$$

자동차가 90° 곡선의 정확히 1/3을 돌았다면, 이 시점에서 불빛은 벽 위에서 달리는 자동차와 똑같은 속도를 갖는다.

모험 37

짐차는 평탄한 길을 달리고 있다. 물론 마찰이 없는 것은 아니다. 그러나 그리 빠르지 않은 속도에 대한 마찰력 $K(t)$는 속도 $v(t)$에 비례한다. 즉 $K(t) = K_1 v(t)$라는 것이 알려진 사실이다. 더 나아가 $s(t)$가 t시점까지 짐차가 달린 거리를 의미한다면, $v(t) = s'(t)$ 그리고 $K(t) = -ms''(t)$가 성립한다. 이는 음의 가속이 마찰력을 통해서만 나타나기 때문이다 (여기서 m은 짐을 가득 실은 짐차의 질량을 의미하는데, 이 질량은 프리츠가 뛰어내릴 때 거의 변하지 않는다). 그러면 우리는 미지의 마찰 상수 K_1을 갖는 방정식 $K_1 s'(t) = -ms''(t)$를 얻게 된다. 계속해서 다음의 초기 조건들을 갖는다.

$$s(0) = 0,\ s'(0) = 60\text{km/h} = (50/3)\,\text{m/sec}$$

그리고 그 시점 t_0에서 $s'(t_0) = 30\text{km/h} = (25/3)\text{m/sec}$를 갖는

$$s(t_0) = 300\text{m}이다.$$

과제 a) 이 부대조건하에서 미분 방정식을 해결하고 다음의 방정식이 유효하다는 것을 증명하시오.

$$s(t) = K_2(1 - e^{-ct})$$

$$= K_2 - K_e e^{-ct}$$

상수 계수를 갖는 미분 방정식

$$ms''(t) + ks'(t) = 0$$

$$e^{\lambda t}\lambda(m\lambda + k_1) = 0$$

$\lambda = 0$ 또는 $\lambda = -\dfrac{k_1}{m}$

$$s(t) = c_1 + c_2 e^{-\frac{k_1}{m}t} = c_1 + c_2 e^{-ct}$$

초기 조건에 의해

$$s(0) = 0 \Rightarrow c_1 = 0$$

$$s'(0) = \frac{50}{3} \Rightarrow c_2 = -\frac{50}{3c}$$

동시에 K_2와 c의 숫자를 계산하시오!

짐차가 커브길에 도달했을 때, 짐차의 속도는 $v(t) = 18\text{km/h} = 5\text{m/sec}$였다. 이 시점 t_1에 대해 다음의 관계가 적용된다.

$$s_1'(t_1) = K_2 ce^{-ct_1} = 5$$

프리츠가 다시 짐차에 올라탔기 때문에 이제 t_2가 시점이라 하자.

미분 조건을 이용하면

$$S'(t_0) = \frac{50}{3}e^{-ct} = \frac{25}{3}$$

$$e^{-ct_0} = \frac{1}{2}$$

$$-ct_0 = \lim 2$$

$$c = \frac{1}{t_0}\lim 2$$

과제 b) 다음을 증명하시오.

$$s(t_2) - s(t_1) = K_2\left(e^{-ct_1} - e^{-ct_2}\right) = 180\left(1 - e^{-(t_2 - t_1)/36}\right) \underset{Def.}{=} L$$

프리츠가 달린 길은 15km/h = (25/6)m/sec의 일정한 속도에서 거리 $(25/6)(t_2 - t_1)$이다. 이 길은 반경 r=90m의 원호와 거리 L하에서 현 S에 상응한다. 이에 대해 다음의 관계가 유효하다.

$$S = 2r\sin\frac{L}{2r}$$

또한 $x = t_2 - t_1$에서 다음이 유효하다.

$$\frac{25}{6}x = 2 \cdot 90 \cdot \sin\left[\frac{180(1 - e^{-x/36})}{2 \cdot 90}\right]$$

과제 c) $f(x) = 180\sin\left(1 - e^{-x/36}\right) - \frac{25}{6}x$

테일러 공식에 따라 전개하시오. 2차항까지 구하고, $f(x) = 0$의 답을 대략 계산하시오.

$$f(x) \approx \sum_{k=0}^{2} \frac{f^{(k)}(x_0)}{k!}(x - x_0)$$

$$f'(x) = 180\cos\left(1 - e^{-\frac{x}{36}}\right) \cdot \left(\frac{1}{36}e^{-\frac{x}{36}}\right) - \frac{25}{6}$$

$$x_0 = 0 \Rightarrow 180\cos 0\left(\frac{1}{36}\right) - \frac{25}{6}$$

$$f''(x) = -180\sin\left(1 - e^{-\frac{x}{36}}\right) \cdot \left(\frac{1}{36}e^{-\frac{x}{36}}\right)^2$$

$$+180\cos\left(1 - e^{-\frac{x}{36}}\right) \cdot \left(-\frac{1}{36^2}e^{-\frac{x}{36}}\right)$$

$$x_0 = 0 \Rightarrow -180\sin 0\left(-\frac{1}{36}e^0\right)^2 + 180\cos 0\frac{1}{36^2}$$

$$f(x) = f(x_0) + f'(x_0)(x - x_0) + \frac{f''(x_0)}{2!}(x - x_0)^2 + R_2(x)$$

$$= 0 + \frac{5}{6}x - \frac{5}{36}x^2 = 0$$

$$\therefore x = 0 \text{ or } x = -\frac{1}{6}$$

모험 38

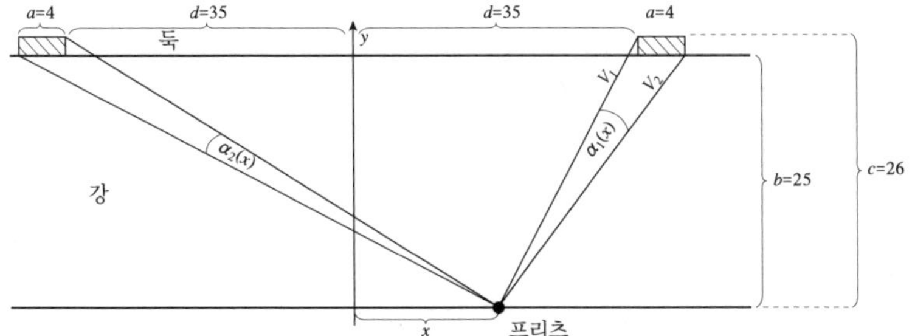

과제 a) 먼저 두 벡터 $\vec{v_1}=(v_{11},\ v_{12})$와 $\vec{v_2}=(v_{21},\ v_{22})$에 대해 $\vec{v_1}$과 $\vec{v_2}$ 사이의 각 α가 다음 관계를 만족시킨다는 것을 증명하시오.

$$|\tan\alpha|=\left|\frac{v_{11}v_{22}-v_{12}v_{21}}{v_{11}v_{21}+v_{12}v_{22}}\right|$$

(여기서 주의할 것은 스칼라곱 $\vec{v_1}\cdot\vec{v_2}$가 한편으로 $|\vec{v_1}|\cdot|\vec{v_2}|\cdot\cos\alpha$와 같고, 다른 한편으로는 $v_{11}v_{21}+v_{12}v_{22}$와 같다는 것이다. 이제 $\vec{v_3}=(v_{22},\ -v_{21})$을 넣으면, $\vec{v_3}$은 $\vec{v_2}$에 수직이 된다. 즉 $\cos(\sphericalangle\vec{v_3},\ \vec{v_1})=\pm\sin\alpha$이다.

$$\vec{v_3}\cdot\vec{v_2}=0\Rightarrow\vec{v_3}\perp\vec{v_2}$$

이제 스케치에 상응하는 좌표계를 나타내시오. 프리츠가 $(x,\ 0)$ 지점에 있다면, 과제 a)에 따라 스케치의 표시와 함께 다음이 유효해진다.

$$(*)\qquad \tan\alpha_1(x)=\frac{c(a+d-x)-b(d-x)}{(d-x)(a+d-x)+bc}$$

$$|v_1\times v_2|^2=\|v_1\|^2\|v_2\|^2\cos^2\theta$$

$$=(v_1\cdot v_1)(v_2\cdot v_2)\left(1-\frac{(v_1\cdot v_2)^2}{\|v_1\|^2\|v_2\|^2}\right)=v_{11}v_{22}-v_{12}v_{21}$$

$$\tan^2\alpha=\frac{\sin^2\alpha}{\cos^2\alpha}=\frac{\|v_1\|^2\|v_2\|^2\sin^2\alpha}{\|v_1\|^2\|v_2\|^2\cos^2\alpha}$$

$$=\frac{|v_1 \times v_2|^2}{(v_1 \cdot v_2)^2} = \frac{(v_{11}v_{22} - v_{12}v_{21})^2}{(v_{11}v_{21} + v_{12}v_{22})^2}$$

$$\therefore \tan\alpha = \frac{v_{11}v_{22} - v_{12}v_{21}}{v_{11}v_{21} + v_{12}v_{22}} \quad (0 \leqq \alpha < \frac{\pi}{2})$$

과제 b) (*)의 좌변을 테일러 급수로 전개하시오. 여기서 제2항까지만 전개하시오. 그리고 $|\alpha_1(x)| < \pi/18$(이것은 가능한 최대 각이다)에 대해 다음이 유효한 것을 나타내시오.

$$|\tan\alpha_1(x) - \alpha_1(x)| \leqq \frac{|\alpha_1(x)|^3}{2}$$

$$f(x) \approx f(x_0) + f'(x_0)(x - x_0) + \frac{f''(x)}{2!}(x - x_0)^2 \ (0 < 3 < \frac{\pi}{2})$$

$x_0 = 0 \Rightarrow \quad f(x_0) = \tan\alpha x_0 \quad f(0) = 0$

$f'(x_0) = \alpha\sec^2\alpha x \quad f(0) = \alpha$

$f''(x_0) = 2\alpha^2\sec^2\alpha x\tan\alpha x \quad f(0) = 0$

$$f(x) \approx 0 + \alpha x - \frac{2\alpha^2(\sec^2\alpha\varepsilon)\tan\alpha\varepsilon}{2!}x^2$$

테일러 급수에 의해

$x \approx \alpha x$

힌트 $(\cos^{-4}\pi/18)(6 - 4\cos^2\pi/18) \leqq 3$을 이용할 수 있다.

$|\alpha_1(x)| \leqq \pi/18$를 갖는 $\alpha_1(x)$에 대해 $\tan\alpha_1(x) \backsimeq \alpha_1(x)$는 최대 1.6%의 오차를 갖는다. 그래서 우리는 확신을 가지고 (*)의 우변을 $\alpha_1(x)$와 같이 놓을 수 있다. 이에 상응하여 $\alpha_2(x)$에 대해 같은 분수를 얻는다. 단지 $(-x)$는 x로 대체된다. 그러면 (*)로부터 추론하시오.

과제 c) $\alpha_1(x) + \alpha_2(x) \backsimeq \tan\alpha_1(x) + \tan\alpha_2(x) = 2\frac{Az + B}{z^2 + Cz + D}$

여기서 $z = x^2$, $A = [ab - (c-b)d]$, $B = [(c-b)(a+d) + ab]$ $[(a+d)d + bc]$,

$C=[2bc-2d^2-2ad-a^2]$, $D=[(a+d)d+bc]^2$이다.

이제 구할 것은 $\alpha_1(x)+\alpha_2(x)$가 최댓값이 되는 x이다.

과제 d) 구간 [0, ∞]에서 다음 방정식의 최댓값을 계산하시오.

$$f(z)=2\frac{Az+B}{z^2+Cz+D}$$

(주의할 것은 경계점 $z=0$이라는 것이다!)

이로부터 최상의 장소 x를 구할 수 있을 것이다.

모험 39

영점이 프리츠의 출발점이 되고, x축이 동쪽으로 향하고, y축이 북쪽을 향하며, z축이 수직으로 위를 향하도록 좌표계를 나타내시오. φ는 프리츠의 지리학적인 위도 $\psi=90°-\varphi$이고 t는 태양이 정점에 서 있는 후의 시간이면(해오름에 대해 $t=-6$이다), 모험 7에 따라 t 시점에 (x, y) 면 위로 태양의 투사 $\overrightarrow{P_s}(t)$에 대해(오늘은 다시 3월 21일이기 때문에) 다음의 방정식이 성립한다.

$$\overrightarrow{P_s}(t)=(-R\sin\frac{t}{12}\pi,\ -R\cos\psi\cos\frac{t}{12}\pi)$$

$[s_1(t), s_2(t)]$는 t 시점에 프리츠의 좌표를 나타낸다. 그가 태양을 향해 계속 걸어가고 R가 매우 크므로 그의 방향은 여전히 $\overrightarrow{P_s}(t)$에 일치한다. 그래서 작은 ε에 대해 벡터 $\overrightarrow{P_s}(t)$와 다음은 동일한 방향으로 나타낸다.

$$\frac{1}{\varepsilon}\left[s_1(t+\varepsilon)-s_1(t),\ s_2(t+\varepsilon)-s_2(t)\right]$$

그래서 다음의 방정식이 주어진다.

$$(*)\qquad s_1'(t)/s_2'(t)=(-R\sin\frac{t}{12}\pi)\Big/(-R\cos\psi\cos\frac{t}{12}\pi)$$

계속하여 t 시점에서 $t+\varepsilon$ 시점까지의 거리는 대략 다음과 같다.

$$\sqrt{[s_1(t+\varepsilon)-s_1(t)]^2+[s_2(t+\varepsilon)-s_2(t)]^2}$$

다른 한편으로 v= 1m/sec =3.6km/h이므로(위에서 초가 아닌 시간으로 계산된 것을 주의하시오) 이 길의 거리는 3.6 · ε와 동일하다. ε로 나누고 나타나는 것은 $\varepsilon \to 0$이다.

$$(**) \qquad [s_1'(t)]^2+[s_2'(t)]^2=(3.6)^2$$

과제 a) (*)과 (**)로부터 $s_1'(t)$와 $s_2'(t)$를 계산하시오. 이어서 −6에서 t까지의 적분을 통해 $[s_1(t),\ s_2(t)]$를 제시하시오!

이제 t=6을 대입하시오. 그러면 다음의 공식을 얻게 된다.

$$[s_1(6),\ s_2(6)]=\left(3.6\int_{-6}^{6}\frac{\tan\frac{t}{12}\pi dt}{\sqrt{\cos^2\psi+\tan^2\frac{t}{12}\pi}},\right.$$

$$\left.-3.6\cos\psi\int_{-6}^{6}\frac{dt}{\sqrt{\cos^2\psi+\tan^2\frac{t}{12}\pi}}\right)$$

(마이너스 표시는 프리츠가 남쪽으로 방황했으므로 나타난 결과이다! 이 적분 과정에서 $t=\pm 6$에 대해 '무한대' 표시인 ∞/∞ 혹은 $1/\infty$이 나타나는데 이 표시들은 상황에 맞게 해석되어야 한다!)

과제 b) 치환을 이용하여 아래 식을 나타내 보시오.

$$[s_1(6),\ s_2(6)]=\left(0,\ \frac{-12\cdot 3.6}{\pi}\int_0^{\pi}\sqrt{\frac{\cos^2\psi}{\cos^2\psi+\cot^2 z}}\,dz\right)$$

적분을 I라고 명명한다.

$z=\frac{t}{12}\pi$

$dz=\frac{\pi}{12}dt$

$dt=\frac{12}{\pi}dz$를 대입한다.

과제 c) 다음을 나타내 보시오.

$$I = \int_0^{\pi} \sin z \sqrt{\frac{1}{1+\tan^2\psi\cos^2 z}}\, dz$$

$$\tan\psi\cos z = \sinh t - \tan\psi\sin z dz = \cosh t dt$$

$$= \int_0^{\pi} \sin z \sqrt{\frac{1}{\cosh^2 t}} \frac{\cosh t}{-\tan\psi\sin z}\, dt$$

$$= \frac{1}{-\tan\psi}\int_0^{\pi} d(\tan\psi\cos z)$$

$$= \frac{1}{-\tan\psi}\left[\tan\psi\cos z\right]_0^{\pi} = \left[\cos z\right]_0^{\pi} = -1-1 = -2$$

과제 d) 오일러의 공식을 이용하여 다음을 나타내시오.

$\arcsin(iw) = -i\log(-w+\sqrt{w^2+1})[= i\log(w+\sqrt{w^2+1})]$

(arcsin은 $2k\pi$에 이르기까지는 분명하고, log는 $2k\pi i$에까지 명확하다는 것을 염두에 두시오.)

$$\sinh^{-1}(iw) = z$$

$$iw = \sinh z = \frac{e^z - e^{-z}}{2}$$

$$2iw = e^z - e^{-z}$$

$$(e^z)^2 - 2iwe^z - 1$$

$$\Rightarrow z = \ln(iw \pm \sqrt{(iw)^2+1})$$

$$w = \sinh z$$

$$\int \frac{1}{\sqrt{\cosh^2}} \cdot \cosh z dz = \int d(\sinh z) = \sinh z + c$$

과제 e) d)와 치환을 이용하여 나타내시오.

$$\int \sqrt{\frac{1}{w^2+1}}\, dw = \log(w+\sqrt{w^2+1})$$

과제 f) 치환을 이용하여 c)와 e)로부터 프리츠가 저녁에 출발점에서 남쪽으로 정확히 $\frac{12 \cdot 7.2}{\pi}\cot\psi\log\left(\frac{1+\sin\psi}{\cos\psi}\right)$킬로미터 떨어져 있다는 것을 나타내시오.

모험 40

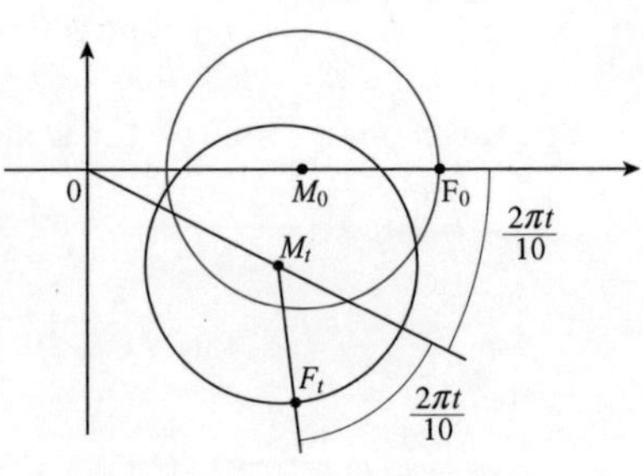

0 = 카루셀의 회전점

M_0=t=0 시점의 곤돌라의 중심점

M_t=t 시점의 곤돌라의 중심점

F_0=t=0 시점의 프리츠

F_t=t 시점의 프리츠

$\overline{0M_0} = \overline{0M_t} = 2\,(m)$

$\overline{M_0F_0} = \overline{M_tF_t} = 1\,(m)$

시점 t=0과 좌표계는 스케치에 맞게 선택되었다고 가정한다. 그러면 $\overrightarrow{0M_t} = \left(2\cos\frac{2\pi t}{10},\ -2\sin\frac{2\pi t}{10}\right)$가 된다. 직선 $\overline{M_tF_t}$가 $\frac{2\pi t}{10}$의 각도에서 직선 $\overline{0M_t}$를 이루고, $\overline{0M_t}$가 $\overline{0F_0}$까지 $\frac{2\pi t}{10}$의 각도를 갖기 때문에 벡터 $\overrightarrow{M_tF_t}$는 좌표 $\left(1\cos\frac{2\pi t}{5},\ -1\sin\frac{2\pi t}{5}\right)$를 갖는다.

$\overrightarrow{0M_t} + \overrightarrow{M_tF_t} = \overrightarrow{0F_t} \underset{Def.}{=} \vec{s}\,(t)$로 인하여 우리는 다음의 공식을 얻게 된다.

$$(*) \qquad \vec{s}\,(t) = \left(2\cos\frac{2\pi t}{10} + 1\cos\frac{2\pi t}{5},\ -2\sin\frac{2\pi t}{10} - 1\sin\frac{2\pi t}{5}\right)$$

과제 a) 경로 S는 연속 미분 가능한 함수 $\vec{s}\,(t) = [s_1(t),\ s_2(t)]$를 이용해 계산한다. 여기서 $t \in [a,\ b]$를 이용해 S의 길이는 다음과 같음을 나타내 보시오.

$$\int_a^b \sqrt{[s_1'(t)]^2 + [s_2'(t)]^2}\, dt$$

$x = S_1(t),\ y = S_2(t)$

$S_1(a) = a^*,\ S_2(b) = b^*$라 하면

$$S = \int_{a^*}^{b^*} \sqrt{1 + \left(\frac{dy}{dx}\right)^2}\, dx = \int_{a^*}^{b^*} \sqrt{1 + \left(\frac{S_2'(t)}{S_2'(t)}\right)^2}\, S_1'(t)\, dt$$

$$=\int_{a^*}^{b^*} \sqrt{S_1'(t)^2 + S_2'(t)^2}\, dt$$

힌트 $x \in [a, b]$에서 $L(x)$를 $t \in [a, x]$에서 $\vec{s}(t)$의 경로의 길이라고 가정한다. 그러면 작은 h에 대해 대략 $t \in [x, x+h]$를 갖는 길 $\vec{s}(t)$를 한 직선으로 대치하면서, $L(x+h) - L(x)$를 계산하시오.

과제 b) 모험 22 a)를 이용하여 (∗)로부터 나온 부가정률을 이용하여 다음을 나타내 보시오.

모험 22 a) : $\sqrt{[s_1'(t)]^2 + [s_2'(t)]^2} = 0.8\pi \mid \cos \frac{\pi t}{10} \mid$

과제 c) (∗), 과제 a), b)로부터 구간 [0, 60]을 지나는 길 S를 계산하시오.

여기서 다시 주의해야 할 것은 길의 길이가 복잡한 경로의 이미지를 넘어 하나의 숫자라는 사실이다.

천문학적인 참고 태양은 (좌표의 지구 중심적인 생각에서) 일 년 안에 거의 원의 궤도로 지구 주위를 움직이고, 하나의 행성은 (일정한 시간 내에) 원 비슷한 궤도로 태양 주위를 움직인다. 우리가 태양을 곤돌라의 중심점으로, 지구를 카루셀의 중심점으로, 행성을 프리츠로 가정한다면, 지구에 대한 행성의 궤도는 궤도 방정식 (∗)를 갖는 카루셀-중심점에 대한 프리츠의 궤도와 비슷하다. 그런 곡선은 옛 천문학자들에게 하나의 큰 역할을 하였으며, 에피치클렌이라 불리었다(에피는 위라는 뜻이며, 치클루스는 원을 의미하는데, 이 말은 원들이 원들 위를 돌기 때문에 붙여진 이름이다).

모험 41

주기적인 사인 곡선 $f(x) = \sin \frac{\pi}{10} x$의 길이는 다음과 같다.

$$L = \int_0^{20} \sqrt{1 + [f'(x)]^2}\, dx = \int_0^{20} \sqrt{1 + \left(\frac{\pi}{10}\right)^2 \cos^2 \frac{\pi}{10} x\, dx}$$

이 적분은 기본적인 함수로 계산될 수 없으므로 수열 전개를 이용한다.

과제 a) 여러분이 계산할 수 있는 a_n을 가진 수열 $\sum a_n \cos^{2n} (\pi x/10)$에서 적분을 전개하시오.

푸리에 급수

$$f(x) = a_0 + \sum_{n=1}^{\infty} (a_n \cos nx + bn \sin nx)$$

$$a_0 = \frac{1}{2\pi} \int_{-\pi}^{\pi} f(x)\, dx$$

$$a_n = \frac{1}{\pi} \int_{-\pi}^{\pi} f(x) \cos nx dx$$

$$b_n = \frac{1}{\pi} \int_{-\pi}^{\pi} f(x) \sin nx dx$$

$$a_0 = \frac{1}{2\pi} \int_{-\pi}^{\pi} \frac{x}{2}\, dx = \frac{1}{4\pi} \left(\frac{1}{2} x^2\right)_{-\pi}^{\pi} = 0$$

$$a_n = \frac{1}{\pi} \int_{-\pi}^{\pi} f(x) \cos nx dx = \frac{1}{\pi} \int_{-\pi}^{\pi} \frac{x}{2} \cos nx dx$$

$$= \frac{1}{2\pi} \int_{-\pi}^{\pi} x \cos nx dx$$

$$= \frac{1}{2\pi} \left[x \frac{1}{n} \sin nx\right]_{-\pi}^{\pi} - \frac{1}{n} \int_{-\pi}^{\pi} \sin nx dx$$

$$= \frac{1}{2\pi} \left\{\frac{1}{n^2} [\cos nx]_{-\pi}^{\pi}\right\} = \frac{1}{2\pi} \cdot \frac{1}{n^2} \cdot 2 = (-1)^n \frac{1}{n^2 \pi}$$

$$b_n = \frac{1}{\pi} \int_{-\pi}^{\pi} \frac{x}{2} \sin nx dx$$

$$= \frac{1}{2\pi} \int_{-\pi}^{\pi} x \sin nx dx$$

$$= \frac{1}{2\pi} \left\{-\left[\frac{x \cos nx}{n}\right]_{-\pi}^{\pi} + \frac{1}{n} \int_{-\pi}^{\pi} [connxdx]^2\right\}$$

$$= \frac{1}{2\pi}\left[\frac{1}{n^2}\sin nx\right]_{-\pi}^{\pi} = 0$$

$$\therefore f(x) = 0 + \sum_{n=1}^{\infty}\frac{1}{n^2\pi}\cos nx$$

$$= \frac{1}{\pi}\left[\cos x + \frac{1}{4}\cos 2x + \frac{1}{9}\cos 3x + \cdots\right]$$

과제 b) 이 수열이 모든 $x \in \mathbb{R}$에 대해 규칙적으로 수렴한다는 것을 보이시오.

이제 우리는 $\int_0^{2\pi}\cos^{2n} x\, dx$를 계산해야 한다. 여기에 다음 과제를 나타내시오.

$$I = \int_0^{2\pi}\cos^{2n} xdx$$

$$= \cos^{2n-1} s \sin x + (2n-1)\int_0^{2\pi}\sin^2 x\cos^{2n-2} xdx$$

$$= (2n-1)\int_0^{2\pi}(1-\cos^2 x)\cos^{2n-2} xdx$$

$$= (2n-1)\int_0^{2\pi}\cos^{2n-2} xdx - (2n-1)I$$

$$I - (2n-1)I = I(2n) = (2n-1)^2\int_0^{2\pi}\cos^{2n-2} xdx$$

$$\Rightarrow I = \frac{2n-1}{2n}\int_0^{2\pi}\cos^{2n-2} xdx$$

과제 c) $\int_0^{2\pi}\cos^{2n} x\, dx = \frac{2n-1}{2n}\int_0^{2\pi}\cos^{2n-2} x\, dx$

여기서 다음을 증명해 보시오.

과제 d) $\int_0^{2\pi}\cos^{2n} xdx = 2\pi(-1)^n\binom{-\frac{1}{2}}{n}$

과제 e) a), b), d)로부터 다음을 추론해 보시오.

$$\frac{L}{20} = \sum_{n=0}^{\infty}(-1)^n\binom{\frac{1}{2}}{n}\binom{-\frac{1}{2}}{n}\left(\frac{\pi}{10}\right)^{2n}$$

이 수열을 수치로 계산하고자 한다. 다음 과제를 나타내 보시오.

과제 f)

$$\left|\binom{\frac{1}{2}}{n}\binom{-\frac{1}{2}}{n}\right| \leqq \frac{3}{64} \text{ 여기서 } n \geqq 2$$

그리고

$$\left|\sum_{n=2}^{\infty}(-1)^n\binom{\frac{1}{2}}{n}\binom{-\frac{1}{2}}{n}\left(\frac{\pi}{10}\right)^{2n}\right| \leqq \frac{3}{64}\left(\frac{\pi}{10}\right)^4 \frac{1}{1-\left(\frac{\pi}{10}\right)^2}$$

이 마지막 숫자는 0.0007보다 작다. 그러므로 과제 e)에서 나온 수열에서 단지 처음의 두 항만을 고려할 만하다.

그래서 프리츠의 길은 단지 대략 $\backsimeq \frac{\pi^2}{4}\% \backsimeq 2.5\%$ 길어졌다.

여러분은 좀 더 길 것이라고 생각하지 않았나요?

모험 42

성문을 영점으로 x축은 동쪽을 향하고 y축은 북쪽을 향하도록 좌표계를 그리시오. 그러면 보물은 다음 좌표를 나타낸다.

$$(x,\ y) = \left[10^4 \sum_{n=1}^{1000} \frac{\cos(n-1)45°}{n},\ 10^4 \sum_{n=1}^{1000} \frac{\sin(n-1)45°}{n}\right]$$

과제 a) $A = \sum_{n=1}^{1000} \frac{1}{n} \sin \frac{n\pi}{4}$

$$B = \sum_{n=1}^{1000} \frac{1}{n} \cos \frac{n\pi}{4}$$

$(x,\ y) = \left[10^4 \frac{\sqrt{2}}{2}(A+B),\ 10^4 \frac{\sqrt{2}}{2}(A-B)\right]$가 성립함을 나타내시오.

두 함수를 합성

$$10^4 \sum_{n=1}^{\infty}\left[\frac{1}{n}\left(\sin \frac{n\pi}{4} + \cos \frac{n\pi}{4}\right)\right] = 10^4 \frac{\sqrt{2}}{2} \sum \frac{1}{n} \cos \frac{(n-1)}{4}\pi$$

비슷한 방법으로 나머지 $10^4\frac{\sqrt{2}}{2}(A-B)=10^4\sum\frac{\sin(n-1)}{n}\pi$

이제 A와 B를 계산해야 한다. 무한 급수 $\widetilde{\mathrm{A}}$와 $\widetilde{\mathrm{B}}$의 값이 각각 A와 B의 값과 같다는 것은 언급할 필요도 없이 명백하다(여기서 차이는 1% 미만이다). $\widetilde{\mathrm{A}}$의 값을 다음의 방식으로 얻게 된다.

과제 b) 구간 $(-\pi, \pi)$에서 함수 $f(x)=\frac{\pi}{2}$를 푸리에 급수로 전개하시오.

그리고 $\widetilde{\mathrm{A}}=f\left(\frac{3\pi}{4}\right)$를 보이시오.

$\widetilde{\mathrm{B}}$를 찾기 위해 복잡한 수열, 즉 구간 $(-\pi, \pi)$에서 $g(x)=\log\left(2\cos\frac{x}{2}\right)$에 대한 수열을 검토해야 한다. 여기서 먼저 다음과 같은 우회적인 길을 제안한다.

과제 c) 수학적 귀납법을 이용하여 다음을 증명하시오.

$$1-2[\cos x-\cos 2x+\cos 3x\mp\cdots\pm\cos(n-1)x]+(-1)^n\cos nx$$

$$=(-1)^{n+1}\frac{\sin nx\sin\frac{x}{2}}{\cos\frac{x}{2}}$$

과제 d) L'Hospital을 이용하여 증명하시오.

$$\lim_{x\to\pm\pi}\log\left(2\cos\frac{x}{2}\right)\sin nx=\lim_{x\to\pm\pi}\frac{\log(2\cos\frac{x}{2})}{\frac{1}{\sin nx}}=0$$

$$\lim_{x\to\pm\pi}\frac{\log(2\cos\frac{x}{2})}{\frac{1}{\sin nx}}=\lim_{x\to\pm\pi}\frac{\frac{2\sin\frac{x}{2}\cdot\frac{1}{2}}{2\cos\frac{x}{2}}}{\frac{-n\cos nx}{(\sin nx)^2}}$$

$$=\lim_{x\to\pm\pi}\frac{(\sin nx)^2\sin\frac{x}{2}}{2\cos\frac{x}{2}(-n)\cos nx}=0$$

과제 e) d)와 부분 적분을 가지고 증명하시오.

$$\int_{-\pi}^{\pi}\log(2\cos\frac{x}{2})\cos nx\,dx=\frac{1}{2n}\int_{-\pi}^{\pi}\frac{\sin\frac{x}{2}}{\cos\frac{x}{2}}\sin nx\,dx$$

$$\int_{-\pi}^{\pi} \log(2\cos\frac{x}{2})\cos nx\,dx$$

$$=-\frac{1}{n}\left[\log\left(2\cos\frac{x}{2}\right)\sin nx\right]_{-\pi}^{\pi}+\frac{1}{n}\int_{-\pi}^{\pi}\frac{2\frac{1}{2}\sin\frac{x}{2}}{2\cos\frac{x}{2}}$$

$$=\frac{1}{2n}\int_{-\pi}^{\pi}\frac{\sin\frac{x}{2}}{\cos\frac{x}{2}}\sin nx\,dx$$

과제 f) 다음에 대해 c)와 e)를 이용하시오.

$$\int_{-\pi}^{\pi} \log(2\cos\frac{x}{2})\cos nx\,dx=\frac{(-1)^{n+1}}{n}\pi$$

과제 g) f)로부터 추론해 보시오.

$x\in(-\pi,\pi)$에 대해서

$$\log(2\cos\frac{x}{2})=\frac{a_0}{2}+\sum_{n=1}^{\infty}\frac{(-1)^{n+1}}{n}\cos nx$$

(이 함수가 본래 $[-\pi, \pi]$를 넘어 적분할 수 없다 할지라도, 푸리에 급수가 함수에 대해 수렴한다는 것을 입증할 필요 없이 이용할 수 있다.)

과제 h) 과제 g)에 $x=0$ 값을 넣고,

$\sum_{n=1}^{\infty}\frac{(-1)^{n+1}}{n}=\log 2$를 이용하는 가운데 상수 $a_0/2$를 계산하시오.

과제 i) 과제 g)에 $x=\frac{3}{4}\pi$ 값을 넣으면서 다음

$B=-\log(2\cos\frac{3}{8}\pi)$를 나타내시오.

b)와 i)의 도움으로 마침내 다음 과제를 완성하시오.

과제 j)

$$(x,\ y)\backsimeq\left\{10^4\frac{\sqrt{2}}{2}\left[\frac{3}{8}\pi-\log(2\cos\frac{3}{8}\pi)\right],\right.$$

$$10^4\frac{\sqrt{2}}{2}\left[\frac{3}{8}\pi+\log\left(2\cos\frac{3}{8}\pi\right)\right]\Bigg\}$$

계산기를 두드려 보면 $(x, y) \backsimeq (10{,}221,\ 6{,}440)$임을 알 수 있다. 이 복잡한 해답에 직면하여 프리츠는 이 모험을 언급된 방법과는 전혀 다른 방식으로 체험한 것이 분명하다.

또 다른 증명은 $\log(1-z)=-\sum_{n=1}^{\infty}\frac{z^n}{n}$이 $|z|\leqq 1,\ z\neq -1$을 가진 전체 z에 대해서도 유효하다는 것을 이용할 수 있다. 동시에 $-\pi<\varphi<\pi$을 가진 복소수 $w=re^{i\varphi}$에 대해 여기서 $\log w=\log r+i\varphi$가 규정된다. 그러면 $z=\cos x+i\sin x$를 대입하면

$\sum_{n=1}^{\infty}\frac{\cos nx}{n}$ 그리고 $\sum_{n=1}^{\infty}\frac{\sin nx}{n}$도 계산할 수 있다.

모험 43

길의 거리 $W=\sum_{i=1}^{1000}\frac{1}{i}$이 계산될 수 있다.

과제 a) $n<m$에 대해 증명하시오.

$$\sum_{i=n+1}^{m}\frac{1}{i}\leqq\int_{n}^{m}\frac{dx}{x}\leqq\sum_{i=n}^{m-1}\frac{1}{i}$$

과제 b) 이로부터 코시 판별법을 가지고 다음의 공식이 수렴됨을 증명하시오.

$$a_m:=\left(\sum_{i=1}^{m}\frac{1}{i}-\log m\right)$$

이것은 오일러-마셰로니-상수 C로 표시될 것이며, C는 0.57721……이다.

이제까지는 C가 무리수인지 유리수인지 알려지지 않았다.

위 공식으로부터 $\sum_{i=n+1}^{m} \frac{1}{i} \leqq \int_{n}^{m} \frac{1}{x} dx$

어떤 $M > 0$이 존재하여 $m > n > M$인 정수 m, n이 존재할 때

$$0 < |a_m - a_n| = \left| \left(\sum_{i=1}^{m} \frac{1}{i} - \log m \right) - \left(\sum_{i=1}^{m} \frac{1}{i} - \log n \right) \right|$$

$$= \left| \sum_{i=n+1}^{m} \frac{1}{i} - \log \frac{n}{m} \right| \leqq \left| \int_{n}^{m} \frac{1}{x} dx - \log \frac{n}{m} \right|$$

여기서 $\int_{n}^{m} \frac{1}{x} dx = \log m - \log n = \log \frac{m}{n}$

이므로

$$\left| \int_{n}^{m} \frac{1}{x} dx - \log \frac{n}{m} \right| = \left| \log \frac{m}{n} - \log \frac{n}{m} \right| = 0$$

$\therefore a_m$은 수렴

과제 c) W의 근사치를 구하시오.

모험 44

V를 본래의 재산이라고 가정한다. n년이 지난 후

$$V_n := \prod_{v=1}^{n} \left(1 - \frac{1}{2v} \right)$$

로 줄어든다. $V_n = \frac{1}{10} V$를 나타내는 n을 계산하고자 한다.

$$1/\Gamma(x) = \lim_{n \to \infty} \left[\prod_{i=0}^{n} (x+i) \middle/ n! n^x \right]$$

에 대해 가우스 기술을 이용하여 증명해 보시오.

과제 a) $\frac{(-2)}{\Gamma\left(-\frac{1}{2}\right)} = \lim_{n \to \infty} \left[\sqrt{n} \prod_{v=1}^{n} \left(1 - \frac{1}{2v} \right) \right]$

이제 $\Gamma\left(-\frac{1}{2}\right)$을 계산할 수 있다. 여기에 더 일반적으로

$\Gamma(1+x)\Gamma(1-x)$를 관찰하고자 한다.

과제 b) $\dfrac{1}{\Gamma(1+x)\Gamma(1-x)} = \prod_{\nu=1}^{\infty}\left(1-\dfrac{x^2}{\nu^2}\right)$을 증명하시오.

이 결과는 익히 알려진 함수를 나타낸다. 이것을 얻기 위해 우회적인 길을 제안한다.

과제 c) 구간 $[-\pi, \pi]$에서 $\cos ax$에 대한 푸리에 급수를 전개하시오. 여기서 a는 $a \notin Z$인 확정된 정수여야 한다.

과제 d) 이로부터 다음을 추론해 보시오.

$$\pi \cot \pi a - \frac{1}{a} = \sum_{n=1}^{\infty}\left(\frac{1}{a-n} + \frac{1}{a+n}\right)$$

과제 e) 이제 0부터 x까지 a에 관해 양변을 적분하시오. 여기서 $x \in R - Z$는 확고해야 한다.

(주의 $|x| \geqq 1$이면 극점들을 넘어 적분하시오. 그럼에도 결과는 왜 맞게 되는가?)

과제 f) 이와 함께 증명하시오.

$$\prod_{\nu=1}^{\infty}\left(1-\frac{x^2}{\nu^2}\right) = \frac{\sin \pi x}{\pi x}$$

과제 g) $x = \dfrac{1}{2}$을 넣으면서 과제 b), f)와 함께 증명하시오.

$$\Gamma\left(-\frac{1}{2}\right) = -2\sqrt{\pi}$$

이 값을 과제 a)에 넣으시오. 이제 n에 관해 질문하고 그래서

$$\prod_{\nu=1}^{n}\left(1-\frac{1}{2\nu}\right) \backsimeq \frac{1}{10}$$이 된다.

과제 h) 과제 a)에 근사식으로 n을 넣으면서 이 n을 찾아보시오.

모험 45

$\mathbb{R}^3$에서 첫 번째 것이 빨강 구슬이면, 두 번째는 파랑, 세 번째는 노랑이다.

$f:\mathbb{R}^3 \to \mathbb{R}^3$이 승자의 선형 사상이라는 것이다. 이는 예를 들어 게임 전에 갖고 있던 모든 빨강 구슬에 대해, 게임 이후에는 파랑 하나, 노랑 하나를 늘 갖게 된 승자에게 나타나는 것으로 $f(1, 0, 0)=(1, 1, 1)$; $f(0, 1, 0)=(1, 1, 1)$; $f(0, 0, 1)=(2, 0, 1)$에서 연유한다.

승자는 게임 전에 (x, y, z)를 가졌다면 게임 후에는 $f(x, y, z)$를 갖게 된다. $g:\mathbb{R}^3 \to \mathbb{R}^3$은 따라서 두 번째 승자에 대한 묘사라는 것이다.

즉 $g(1, 0, 0)=(1, 1, 0)$; $g(0, 1, 0)=(0, 1, 1)$; $g(0, 0, 1)=(1, 0, 1)$이다.

$g \circ f:\mathbb{R}^3 \to \mathbb{R}^3$의 모습은 처음엔 일 등을 하고 다음엔 이 등을 한 승자에 대한 구슬의 배열을 의미한다. 그가 (x, y, z)의 구슬을 가지고 시작했으면, 후에 $(g \circ f)(x, y, z)$의 구슬을 갖게 된다. 반대로 $f \circ g:\mathbb{R}^3 \to \mathbb{R}^3$은 먼저 이 등을 하고 나중에 일 등을 한 승자에 대한 구슬의 배열이다.

아부와 프리츠가 게임 전과 후에 모든 색에서 동일한 구슬을 가지고 있고, 두 사람이 교대로 일 등을 하고 이 등을 하였기 때문에 다음의 등식이 성립한다.

$$(f \circ g)(x, y, z) = (g \circ f)(x, y, z)$$

이와 함께 나타나는 것은 $(x, y, z) \in \operatorname{Ker}(f \circ g - g \circ f)$이다.

과제 a) $\operatorname{Ker}(f \circ g - g \circ f) = \{(x, 0, 0)\}$임을 보이시오.

선형 사상 f는 $\begin{pmatrix} 1 & 1 & 2 \\ 1 & 1 & 0 \\ 1 & 1 & 1 \end{pmatrix}$이고 g는 $\begin{pmatrix} 1 & 0 & 1 \\ 1 & 1 & 0 \\ 0 & 1 & 1 \end{pmatrix}$

$$f \circ g = \begin{pmatrix} 1 & 1 & 2 \\ 1 & 1 & 0 \\ 1 & 1 & 1 \end{pmatrix}\begin{pmatrix} 1 & 0 & 1 \\ 1 & 1 & 0 \\ 0 & 1 & 1 \end{pmatrix} = \begin{pmatrix} 2 & 3 & 3 \\ 2 & 1 & 1 \\ 2 & 2 & 2 \end{pmatrix}$$

$$g \circ f = \begin{pmatrix} 1 & 0 & 1 \\ 1 & 1 & 0 \\ 0 & 1 & 1 \end{pmatrix}\begin{pmatrix} 1 & 1 & 2 \\ 1 & 1 & 0 \\ 1 & 1 & 1 \end{pmatrix} = \begin{pmatrix} 2 & 2 & 3 \\ 2 & 2 & 2 \\ 2 & 2 & 1 \end{pmatrix}$$

$$f \circ g - g \circ f = \begin{pmatrix} 0 & 1 & 0 \\ 0 & -1 & -1 \\ 0 & 0 & 1 \end{pmatrix}$$

$\mathrm{Ker}\,(f \circ g - g \circ f)$

$$\Rightarrow \begin{pmatrix} 0 & 1 & 0 \\ 0 & -1 & -1 \\ 0 & 0 & 1 \end{pmatrix}\begin{pmatrix} x \\ y \\ z \end{pmatrix} = \begin{pmatrix} 0 \\ 0 \\ 0 \end{pmatrix}$$

$y = 0,\ z = 0,\ x$: 임의 수

과제 b) $u + v + w = 30$을 이용하여 $(u, v, w) := (f \circ g)(x, y, z)$를 계산하시오.

그들은 최후에 몇 개의 빨강 구슬을 갖게 되는가?

주의 위의 예는 일상생활에서도 나타나는 f, g의 모습이 일반적으로 $(f \circ g)(x, y, z) = (g \circ f)(x, y, z)$가 성립하지 않는다는 것을 보여 준다 (왜냐하면 위에서 보여 준 것처럼 이는 단지 $y = z = 0$에서만 성립하기 때문이다).

모험 46

x를 닭의 숫자, y를 거위의 숫자, z를 오리의 숫자로 표시하자. 그리고 a가 건강한 여인에게 지불되어야 하는 값이고, b가 늙은 남자가 요구한 값이고, c가 젊은이가 받게 될 값이라면, 다음 등식으로 나타낼 수

있다.

$$
\begin{aligned}
&\text{I} \quad 2x + 4y + z = a \\
&\text{II} \quad x + 2y + 3z = b \\
&\text{III} \quad x + 3y + 2z = c
\end{aligned}
$$

과제 a) $\begin{pmatrix} 2 & 4 & 1 \\ 1 & 2 & 3 \\ 1 & 3 & 2 \end{pmatrix}^{-1}$ 을 계산하시오.

과제 b) 과제 a)를 이용하여 a, b, c에 종속되어 있는 x, y, z를 계산하시오.

과제 c) $a \geqq b \geqq c \geqq (4/5)a$ 그리고 $5/a$, $5/b$, $5/c$를 이용하여 x, y, z가 자연수임을 증명하시오.

모험 47

$\mathbb{R}^8$의 종속 벡터 영역을 살펴본다면, 다음과 같이 규정된다.

$$
V = \left\{ x \in {}^{8} \mid x_1 \begin{pmatrix} 6 \\ 3 \\ 5 \end{pmatrix} + x_2 \begin{pmatrix} 7 \\ 2 \\ 8 \end{pmatrix} + x_3 \begin{pmatrix} 3 \\ 8 \\ 3 \end{pmatrix} + x_4 \begin{pmatrix} 4 \\ 5 \\ 7 \end{pmatrix} + x_5 \begin{pmatrix} 5 \\ 3 \\ 8 \end{pmatrix} + x_6 \begin{pmatrix} 7 \\ 2 \\ 1 \end{pmatrix} + x_7 \begin{pmatrix} 4 \\ 3 \\ 7 \end{pmatrix} + x_8 \begin{pmatrix} 3 \\ 2 \\ 5 \end{pmatrix} = \begin{pmatrix} 0 \\ 0 \\ 0 \end{pmatrix} \right\}
$$

과제 a) 기본적인 변환을 통해 V의 $\{\vec{v_i}\}$를 구성해 본다.

$$
\begin{aligned}
(*) \quad &\vec{v_1} = (1, 0, 0, 0, 0, -\tfrac{4}{8}, \cdot\ , \cdot) \\
&\vec{v_2} = (0, 1, 0, 0, 0, -\tfrac{1}{8}, \cdot\ , \cdot) \\
&\vec{v_3} = (0, 0, 1, 0, 0, -1, -26, \cdot) \\
&\vec{v_4} = (0, 0, 0, 1, 0, -\tfrac{2}{8}, \cdot, \cdot)
\end{aligned}
$$

$\vec{v_5} = (0, 0, 0, 0, 1, 0, 1, -3)$

(· 로 표시된 장소의 숫자 값은 관심 밖으로 한다.)

제시된 문제는 $a_i \in \{-1, 0, 1\}$을 가진 벡터 $\vec{a} = (a_1, \cdots, a_8)$이 $V - \{\vec{0}\}$ 안에 놓여 있을 때만 해결할 수 있다. 이에 대한 등가로 $\lambda = (\lambda_1, \cdots, \lambda_5) \in \mathbb{R}^5 - \{\vec{0}\}$과 $\vec{a} = \sum_{i=1}^{5} \lambda_i \vec{v_i}$를 가진 2가 존재한다. (∗)의 처음 5항을 이용하여 곧장 $\lambda_i \in \{-1, 0, 1\}$이 얻어진다.

과제 b) 먼저 6번째 항을 이용하고 7, 8번째 항을 이용하여 $\lambda_1 = \lambda_2 = \lambda_3 = \lambda_4 = \lambda_5 = 0$이 되어야 함을 보이시오.

(힌트 6번째 항에서 $\lambda_1 = \lambda_2 = \lambda_4 = 0$임이 쉽게 나타난다.)

모험 48

여기서는 다섯 개의 미지수를 가진 세 개의 방정식을 풀어야 할 것 같다. 그러나 여기에 트릭이 하나 있다. x=오렌지 값, y=토마토 값, z=바나나 값, w=코코넛 값, v=수박 값으로 가정한다. 우리의 흥미를 끄는 것은 $a = x + 3y + z$이다.

과제 a) 다음의 치환으로

$b = x + w$

다음 방정식들이

$$11x + 15y + 5z + 6w + 5v = 100$$
$$9x + 11y + 3z + 6w + 1v = 60$$
$$1x + 5y + 1w + 1v = 17$$

다음과 같이 나타나는 것을 보이시오.

$$5a + 6b + \quad 5v = 100$$
$$3a + 6b + 2y + v = 60$$
$$b + 5y + v = 17$$

과제 b) 네 개의 미지수가 있는 세 방정식으로부터 다음을 유도해 내시오.

$$60a + 122b = 1030$$

과제 c) 이 방정식이 $a, b \in \mathbb{N}$ 에서 분명히 해결할 수 있다는 것을 보이시오.

이와 함께 찾고자 하는 a가 구해진다. 그 밖에 v와 y도 명확하게 구할 수 있다. 하지만 x, z, w는 명확히 계산할 수 없다.

모험 49

$\vec{v}$가 $\mathbb{R}^3$ 공간에 있는 벡터라고 가정한다. 선상의 모습을 $\varphi: \mathbb{R}^3 \to \mathbb{R}^3$라고 할 때, 이는 $\vec{v}$를 통해 규정된 회전축으로서의 직선과 회전 각도 φ_0을 갖고 있는 공간 $\mathbb{R}^3$의 회전으로서 기하학적으로 설명된 것이다. $\vec{v'}$와 $\vec{v''}$ 가 $\mathbb{R}^3$에서 연유한 두 개의 또 다른 벡터이고, 이 두 개가 $\vec{v}$ 쪽을 향해 수직으로 서 있고, 또 서로에게 수직이며, $|\vec{v'}| = |\vec{v''}|$을 위한 것이라면, φ는 $\varphi(\vec{v}) = \vec{v}$, $\varphi(\vec{v'}) = \vec{v'}\cos\varphi_0 + \vec{v''}\sin\varphi_0$, $\varphi(\vec{v''}) = -\vec{v'}\sin\varphi_0 + \vec{v''}\cos\varphi_0$을 통해 설명된다. 이와 함께 φ의 행렬은 기준 벡터 $\vec{v}$, $\vec{v'}$, $\vec{v''}$와 연관하여 쓰일 수 있고 이들의 행렬식이 계산될 수 있다.

과제 a) φ_i가 어떤 회전축 주위를 도는 회전이라고 가정한다.

$\psi := \varphi_1 \circ \varphi_2 \circ \cdots \circ \varphi_n$을 넣으시오. $\det\psi = 1$!임을 보이시오.

계속하여 다음의 과정들이 필요하다.

과제 b) $\psi := \mathbb{R}^n \to \mathbb{R}^n$이 선상의 모습이고 $\vec{w_1}, \cdots, \vec{w_n} \in \mathbb{R}^n$이 확고한 벡터라고 가정한다. 이것들은 기준 벡터 $\vec{e_i}$와 연관하여 n-Tupel

로서 기술될 수 있다. 그러면 다음이 유효해진다.

$$\det\left[\psi(\overrightarrow{w_1})^t, \cdots, \psi(\overrightarrow{w_n})^t\right] = \det\psi \det(\overrightarrow{w_1}^t, \cdots, \overrightarrow{w_n}^t)$$

(**힌트** $\psi: \mathbb{R}^n \rightarrow \mathbb{R}^n$에 대해 $\psi(\overrightarrow{e_i}) = \overrightarrow{w_i}$를 규정하시오.)

이런 전제 조건들을 가지고 다음이 제시될 수 있다.

과제 c) 구석 $\overrightarrow{0}$, $\overrightarrow{w_1}$, $\overrightarrow{w_2}$, 그리고 $\overrightarrow{w_3}$을 갖는 $\mathbb{R}^3$에서 한 사면체는 공간 내용

$\frac{1}{6}\det\begin{pmatrix}\overrightarrow{w_1}\\ \overrightarrow{w_2}\\ \overrightarrow{w_3}\end{pmatrix}$를 갖는다는 것을 증명하시오.

[**힌트** 여러 번의 회전을 통해 우리는 $\psi(\overrightarrow{w_1}) = (a_1, 0, 0)$, $\psi(\overrightarrow{w_2}) = (a_2, b_2, 0)$, $\psi(\overrightarrow{w_3}) = (a_3, b_3, c_3)$을 갖는 선상의 모습 $\psi: \mathbb{R}^3 \rightarrow \mathbb{R}^3$을 얻게 된다. 사면체 입구의 부피는 물론 새로운 사면체 $\overrightarrow{0}$, $\psi(\overrightarrow{w_1})$, $\psi(\overrightarrow{w_2})$, $\psi(\overrightarrow{w_3})$의 부피와 동일하다. 이 부피는 단순한 좌표를 기초로 다음의 공식

V = (1/3) × 바닥 표면 × 높이

를 이용하여 바로 계산할 수 있다. 그리고 과제 a)와 b)를 이용하시오.

움막의 입구 정면의 왼쪽 구석이 $\mathbb{R}^3$의 0점으로 선택되었다고 한다. 또 좌표계에 입구 정면이 x축을 구성하고, y축이 수평선상 수직으로 이루어지고, z축이 위를 가리키고 있다고 가정한다. $\overrightarrow{w_1}$이 오른쪽 구석의 좌표이면, $\overrightarrow{w_1}$ = (200, 0, 0)이 성립한다. $\overrightarrow{w_2}$가 뒤쪽 구석을 나타내면, $\overrightarrow{w_2}$ = [(1/2) · 200, 130, −10]이 성립하고, 천장 합각머리의 $\overrightarrow{w_3}$에 대해선 $\overrightarrow{w_3}$ = [(1/2) · 200, (1/2) · 130, 155 − (1/2) · 10]이 적용된다[합각 기둥이 좌우 대

칭을 이루며 움막 바닥에 서 있고 움막은 벌써 (1/2) · 10cm로 기울어졌기 때문이다].

과제 d) 이제 움막의 부피를 구하시오.

모험 50

프리츠의 메모 쪽지에 적혀 있는 벡터들이 독립적이라면, 상인의 안건은 이루어질 수 없는 게 확실하다. 이제 여러분은 mod $5\mathbb{Z}$를 생각하여 이 벡터들이 바로 $0 \leqq j \leqq 3$에 대한 공식(1^j, 2^j, 3^j, 4^j)을 갖는다는 것을 곧장 알게 된다(처음 두 줄이 바로 이 같은 생각을 떠오르게 할 것이다!). 이제 계산할 필요 없이 그런 벡터들이 선형으로 $\mathbb{Z}/5\mathbb{Z}$ 위에 있다는 것을 알게 된다. 이에 대한 전제는 다음과 같이 나타난다.

과제 a) Vandermond 행렬식에 대한 문장을 보이시오. a_1, ……, a_m이 한 입체의 요소라면, 다음이 성립한다.

$$\det\Big((a_i)^j\Big)_{\substack{1\leqq i\leqq m\\ 0\leqq j\leqq m-1}} = \prod_{1\leqq i<j\leqq m}(a_j - a_i)$$

(여러분이 다음에 오는 행에서 한 행의 a_1−배를 언제나 감하고, 첫 번째 항 이후 전개해 나가는 가운데 m에 따르는 귀납법을 통해 증명된다.)

과제 b) 이로부터 추론하시오. a_i가 모두 상이하다면 $0 \leqq j \leqq m-1$에 대한 벡터들(a_1^j, a_2^j, …, a_m^j)는 선형 독립으로 k 위에 놓인다.

모험 51

$\mathbb{R}^3$의 좌표계에서 0점이 구슬의 중심점이 되고, 바깥 구형이 이 궤도에서 고정되도록 한다. 흔들고 움직이는 모든 행위는 내부 구형이 때

마다 변하는, 그리고 매번 영점을 통과해 가는 회전축 주위를 연속적으로 회전하는 다수로서 해석될 수 있다(내부 구형과 바깥 구형의 틈새가 매우 가늘기 때문이다). 모든 회전은 $\mathbb{R}^3$의 선형 사상으로서 $\mathbb{R}^3$ 안에 포착할 수 있다(모험 49를 비교해 보시오). 그래서 $\psi: \mathbb{R}^3 \rightarrow \mathbb{R}^3$의 선형 사상을 파악하게 되고, 회전의 연속 변환은 φ_i가 된다. 여기서 ψ 자체도 회전이 되는지는 처음엔 확실하지 않다. 여기에 다음의 사실들을 입증하시오.

과제 a) $\psi: \mathbb{R}^3 \rightarrow \mathbb{R}^3$이 선형이라면 ψ은 최소한 하나의 실제적인 고윳값 λ_1을 지닌다.

과제 b) ψ이 회전의 연속 변환을, λ이 ψ의 고윳값을 말한다면, $|\lambda| = 1$이다. [**힌트** $|\psi(\vec{x})| = |\vec{x}|$을 이용하시오.]

과제 c) ψ이 회전의 연속 변환이라면, ψ은 고윳값 +1을 갖는다.

[**힌트** λ_1, λ_2, λ_3이 특정 방정식의 세 근이라면, $\det\psi = \lambda_1\lambda_2\lambda_3$임을 보이시오. 그리고 과제 49 a)와 51 a), b)를 이용하시오. 여기서 상황 구분 $\lambda_1, \lambda_2, \lambda_3 \in \mathbb{R}$ 혹은 $\lambda_1 \in \mathbb{R}$, $\overline{\lambda_2} = \lambda_3 \in \mathbb{C}$가 필요하다. 무엇 때문에 마지막 상황에서 $\overline{\lambda_2} = \lambda_3$이 되어야 할까요?]

c)를 수단으로 회전의 연속 변환이 다시 그와 같다는 것을 쉽게 보여 줄 수 있다.

과제 d) 최소한 바깥 구형의 한 점이 내부 구형의 올바른 위치에 놓인다는 것을 보이시오(이를테면 $\psi(\vec{x}) = \vec{x}$를 갖는 구형으로부터 한 $\vec{x}$가 생긴다).

모험 52

$\mathbb{R}^3$의 좌표에서 0점이 두 구형의 중심점이 되고, x축이 기하학적인 길이 0°와 폭 0°를 갖는 점을 통과해 가는 축을 나타내도록 하고, y축이 적도면에 놓여 있으면서 여기에 수직인 축을 나타내고, z축이 북남축을 나타내도록 하시오. 바깥 구형은 고정되어 있다. 이제 재부 구형의 첫 번째 회전이 다음을 통해 (모험 49의 힌트를 참조하시오) 주어진다.

$$\vec{e}_x \mapsto \vec{e}_x \cos 60° + \vec{e}_y \sin 60°$$

$$\vec{e}_y \mapsto -\vec{e}_x \sin 60° + \vec{e}_y \cos 60°$$

$$\vec{e}_z \mapsto \vec{e}_z$$

여기서 $\vec{e}_x$, $\vec{e}_y$, $\vec{e}_z$는 기준 벡터이다.

두 번째 회전은 다음을 통해 나타난다.

$$\vec{e}_x \mapsto \vec{e}_x$$

$$\vec{e}_y \mapsto \vec{e}_y \cos 30° + \vec{e}_z \sin 30°$$

$$\vec{e}_z \mapsto -\vec{e}_y \sin 30° + \vec{e}_z \cos 30°$$

과제 a) M_1이 첫 번째 회전의 행렬이고 M_2가 두 번째 회전의 행렬을 의미할 때 행렬 $M_2 \circ M_1$을 계산하시오.

과제 b) $M_2 \circ M_1$에서 고윳값 $\lambda = 1$에 대한 고유 벡터 $\vec{v}$를 결정하시오.

과제 c) $\vec{e}_z$를 갖는 $\vec{v}$를 형성하는 각도를 계산하시오. 이와 함께 여러분이 찾는 점의 기하학적인 폭을 쉽게 알 수 있다.

과제 d) 벡터 $\vec{e}_x$를 갖는 (x, y, o)-평면에 $\vec{v}$의 시영이 이루는 각도를 구하시오. 이와 함께 기하학적인 길이도 얻게 된다.

모험 53

$\mathbb{R}^3$의 첫 번째 분력의 요소가 염소의 숫자라고 가정하고, 두 번째를 암탉, 세 번째를 양의 숫자라고 가정한다. 가축 분배는 다음 도해 φ를 통해 묘사된다.

예전 상태		새로운 상태
$(x, 0, 0)$	$\longmapsto$	$(2x, -x, 0)$
$(0, y, 0)$	$\longmapsto$	$(0, 3y, 0)$
$(0, 0, z)$	$\longmapsto$	$(z, z, 3z)$

모든 가축 종류의 새로운 상태는 예전 상태보다 정확히 2.5배가 되었다고 한다. 그러면 2.5는 φ에 대한 고윳값이다.

과제 a) φ의 고윳값들을 계산하시오.

프리츠의 계속되는 진술에 따라 λ에 대한 E_λ=고유 공간임을 나타낸다고 할 때, 고유 공간 E_2와 E_3을 조사하시오.

과제 b) $\mathbb{R}^3 = E_2 \oplus E_3$임을 보이시오.

이 마지막 진술을 우리는 더 자세히 검토한다. E_2내지 E_3의 밑면을 구하고 임의의 벡터 $(x, y, z) \in \mathbb{R}^3$을 $(x_2, y_2, z_2) \in E_2$와 $(x_3, y_3, z_3) \in E_3$의 총합으로서 제시하시오.

과제 c) $x, y, z \in \mathbb{N}$이고 $y \geqq x$이며(모든 주민은 염소보다 암탉이 더 많다), $x \geqq z$(염소보다 양이 더 적다고 한다)라면,

$(x_2, y_2, z_2) \in \mathbb{N}^3$과 $(x_3, y_3, z_3) \in \mathbb{N}^3$이 성립한다.

여기서 마침내 프리츠의 진술이 입증된다. $(x_2, y_2, z_2) + (x_3, y_3, z_3)$의 통합으로서 분명하게 제시될 수 있으며 여기서 $\varphi(x_2, y_2, z_2) = 2(x_2, y_2, z_2)$와 $\varphi(x_3, y_3, z_3) = 3(x_3, y_3, z_3)$이 성립한다.

모험 54

g를 구슬치기에서 2등을 한 사람에 대한 묘사라고 가정한다(모험 45의 힌트를 참조하시오). $\mathbb{R}^3$의 기준에 의한 g에 대한 행렬 M은 다음과 같은 형식을 갖는다.

$$M = \begin{pmatrix} 1 & 0 & 1 \\ 1 & 1 & 0 \\ 0 & 1 & 1 \end{pmatrix}$$

다음처럼 계산할 수 있다.

$$\underbrace{(g \circ g \circ \cdots \circ g)}_{1000-mal}(1, 2, 3) = M^{1000}\begin{pmatrix} 1 \\ 2 \\ 3 \end{pmatrix}$$

과제 a) M이 $\vec{c}$상에서 대각화할 수 있음을 보이고, 고유 벡터로 된 Basis를 계산하시오. 그리고 다음과 함께 행렬 S를 구하시오.

$$SMS^{-1} = \begin{pmatrix} \lambda_1 & & 0 \\ & \lambda_2 & \\ 0 & & \lambda_3 \end{pmatrix}$$

과제 b) 증명하시오.

$$M^{1000} = S^{-1}\begin{pmatrix} \lambda_1^{1000} & & 0 \\ & \lambda_2^{1000} & \\ 0 & & \lambda_3^{1000} \end{pmatrix}S$$

대극성의 좌표 안에 고윳값을 적고 다음을 보이시오.

과제 c) $M^{1000}\begin{pmatrix} 1 \\ 2 \\ 3 \end{pmatrix} = \left(2^{1001},\ 2^{1001} + 1,\ 2^{1001} - 1\right)$

여기서 재미있는 것은 우리가 같은 수의 빨간색, 파란색, 노란색 구슬을 갖는 것이고, 또 자연수에서 유래하는 이런 결과를 위해 우리가 매우 비자연수적인 숫자들을 사용해야 한다는 사실이다.

모험 55

첫 번째 승자에 대한 행렬은 다음과 같다(모험 45를 비교하시오).

$$M = \begin{pmatrix} 1 & 1 & 2 \\ 1 & 1 & 0 \\ 1 & 1 & 1 \end{pmatrix}$$

과제 a) M을 Jordannormalform으로 두고 변환하는 행렬 S와 S^{-1}을 계산하시오.

과제 b) 이와 함께 $M^{1000}\begin{pmatrix} 1 \\ 2 \\ 3 \end{pmatrix}$을 계산하시오(여기에 모험 54의 과제 b)와 c)를 참조하시오).

이 많은 것들이 모험 54의 무더기와 연관하여 몇 배나 많은지 계산하기 위해, 마지막 구슬 더미가 매번 2^{1001}으로 이루어진다는 것을 받아들임으로써 오차를 최소화할 수 있다. 그리고 $^{10}\log(3/2) = 0.1761\cdots$를 이용할 수 있다.

과제 c) 이제 모험 55의 구슬로 쌓인 산이 모험 54보다 몇십 배나 더 강한지 보이시오!

모험 56

$\mathbb{R}^2$의 영점을 북-서 귀퉁이로, x축이 남쪽을 가리키고, y축이 동쪽을 가리킨다고 가정한다.

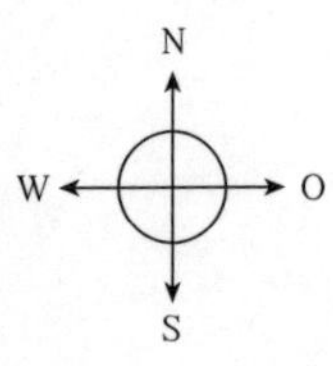

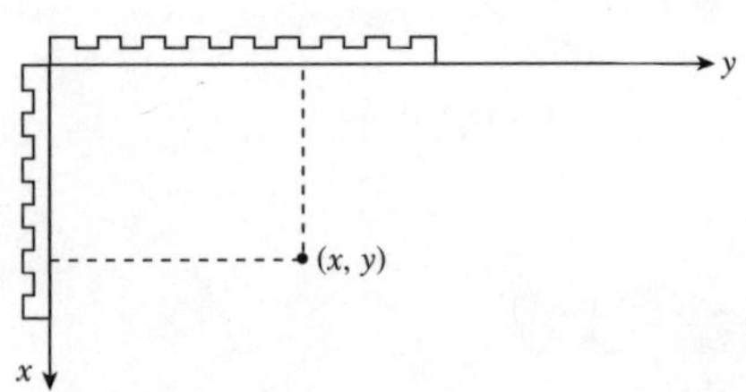

$f(x,\ y)$가 깊이라면, 땅은 성벽의 밑선 맞은편에 있는 $(x,\ y)$ 지점에서 이 깊이 주위로 하강하였다. 아부가 활을 지면에 평행으로 잡고 있기 때문에 화살의 높이는 (0의 높이로서 일정한 활쏘기 높이와 비교하여) 북쪽 벽으로 활을 쏠 때 $x\frac{\partial f}{\partial x}(x,\ y)$와 동일하다.

$y=$ 일정하다
이때 지형의 단면

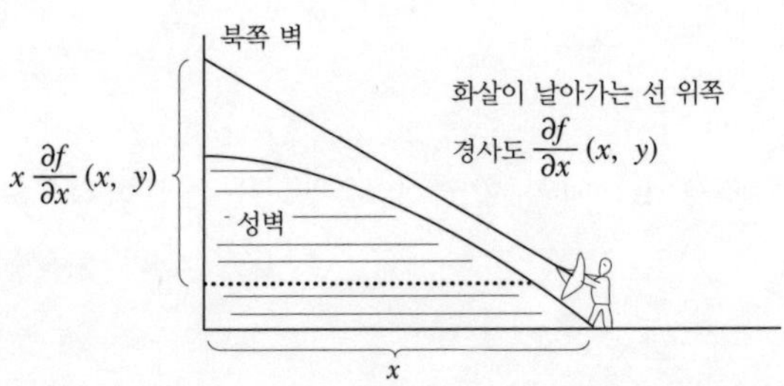

북쪽 벽을 향해 쏠 때의 높이는 $y\frac{\partial f}{\partial y}(x,\ y)$와 동일하다. 이 두 개의 높이가 언제나 동일하기 때문에 $x,\ y \in \mathbb{R}_+$에 대해 다음이 적용된다.

$$(*) \qquad x\frac{\partial f}{\partial x}(x,\ y) = y\frac{\partial f}{\partial y}(x,\ y)$$

과제 a) (*)이 완성되면, 연대 규칙을 이용하여 $[f(x,\ cx^{-1})]' = 0$이 성립함을 보이시오.

이 결과를 가지고 다음 과제의 독특한 방향이 증명된다.

과제 b)

$x\frac{\partial f}{\partial x}(x,y) = y\frac{\partial f}{\partial y}(x,y)$를 가진 함수는 바로 $f(x,y) = f(xy,1)$을 가진 함수이다.

이로부터 아부의 주장이 나타난다.

참조 화살이 날아가는 선은 원래 정확한 직선은 아니다. 그러나 화살이 매우 빠르게 날아가기 때문에 오차는 매우 작다!

모험 57

$f(x, y)$가 모험 56의 힌트에서 나온 함수라 한다. 아부의 발견으로 우리는 이제 f를 정확히 계산할 수 있다[우리는 이미 모험 56에서 $f(x, y) = f(xy, 1)$을 포착했기 때문이다]. $y = 2$에 대해 $f(x, y)$는 경사 1/10을 갖는 하나의 직선이다. 또한 $f(x, 2) = (1/10)x$이다.

과제 a) $f(x, y) = \frac{1}{20}xy$임을 보이시오.

프리츠가 서 있는 지면이 성벽 귀퉁이 방향으로 수평지면을 형성하는 각도 α를 계산해야 한다. 이것은 물론 직선 $4x = 3y$의 방향으로 위치 (3, 4)에 있는 함수의 방향 도함수이다.

과제 b) 이 방향 도함수를 계산하시오.

프리츠가 화살을 목표를 향해 겨냥할 때 지면과 형성해야 하는 각도를 계산하기 위해서, 수평지면이 프리츠의 화살에서 아부의 화살에 이르는 거리와 형성하는 각도를 계산해야 한다. 이 각도는 다음으로부터 주어진다.

$$\tan\beta = \frac{3 + f(3, 4)}{\sqrt{3^2 + 4^2}}$$

과제 c) 찾고 있는 각도 $\beta - \alpha$를 계산하시오.

모험 58

$\mathbb{R}^2$의 영점이 마을 중앙이고, 동쪽이 음의 x축과 일치하며, 북쪽이 y축과 일치한다고 가정한다. 오두막은 (x, y) 점에 세워졌다 한다. 그러면 강까지는 $(3+y)$km 떨어져 있고, 마을까지는 $\sqrt{x^2+y^2}$km, 교회까지는 $\sqrt{(4-x)^2+y^2}$km 떨어져 있다.

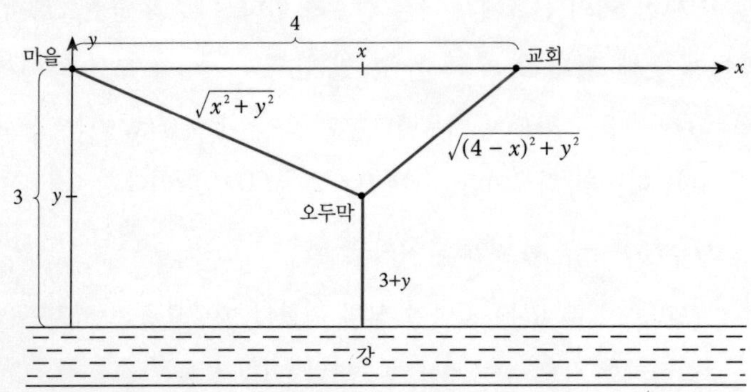

프리츠의 매주 달리기 과제는 $(y > -3)$에 대해 다음과 같다.

$$f(x, y) = 2(3+y) + 2\sqrt{x^2+y^2} + \sqrt{y^2+(4-x)^2}$$

과제 a) $(\text{grad } f)(x, y) = \vec{0}$ 을 갖는 모든 $(x, y) \in \mathbb{R}^2$을 결정하시오.

(**힌트** 먼저 방정식 $\frac{\partial f}{\partial x} = 0$에서 x에 종속된 제곱미터 y^2을 계산하시오.)

그 밖에 다음을 입증하시오.

과제 b) $f: \mathbb{R}^n \to \mathbb{R}$가 끊임없이 $\lim_{|\vec{x}| \to \infty} f(\vec{x}) = \infty$와 함께한다고 가정한다. 나아가 $\vec{x}_1, \cdots, \vec{x}_m$이 모든 점이라 한다. 이 점 안에서 grad f는 규정될 수 없거나 grad $f = \vec{0}$ 이다. 이 점 가운데 하나 $\vec{x}_i$가 전체 $\mathbb{R}^n$에서 f의 최솟값이다.

과제 c) 이제 a), b)와 함께 집합 $M=\{(x, y); y \geqq -3\}$에서 $f(x, y)$의 최솟값을 계산하시오.

이 외에도 아부와 프리츠가 일주일에 세 번 강으로 가고자 했다면, f의 최솟값은 M에서 M의 가장자리에 놓일 것이다(거기서 grad $f=\vec{0}$이 아니라 단지 $\frac{\partial f}{\partial x}=0$이었을 것이다). 이런 차이에 대한 수학적인 근거는 함수 (x, y)가 더는 $|x, y| \to \infty$에 대한 조건 $f(x, y) \to \infty$를 채우지 못한다는 것에 있다.

모험 59

모험 58에 대한 힌트에서와 같이 좌표계를 놓으시오. 그러면 프리츠와 아부가 앉아 있는 장소는 좌표 (1/2, −1)이다[왜냐하면 표시된 오두막이 좌표 $\left(\frac{1}{2}, \frac{-7}{2\sqrt{15}}\right)$이고, 프리츠와 아부는 마을에서 3km 떨어진 강에서 북쪽으로 2km 달렸기 때문이다].

점 $\left(\frac{1}{2}, -1\right)$로부터 나온 모든 점들$(x_0, y_0)$이

$$f(x_0, y_0)=f\left(\frac{1}{2}, -1\right)$$

로 지도에 그려지고, 여기서 f는 모험 58에서 나온 함수이다. 이제 (x_0, y_0)에 대해 $\frac{\partial f}{\partial x}(x_0, y_0)$ 또는 $\frac{\partial f}{\partial y}(x_0, y_0)$은 0과 동일하지 않다. 왜냐하면 모험 58에 따르면 유일하게 공통된 위치는 점 $\left(\frac{1}{2}, \frac{\pm 7}{2\sqrt{15}}\right)$이었기 때문이다. 그러면 $g(x, y)=f(x, y)-f\left(\frac{1}{2}, -1\right)$을 넣으시오. $(\text{grad } g)(x_0, y_0) \neq (0, 0)$이다. 이제 다음을 보편적으로 나타내시오.

과제 우선 $M=\{(x, y) ; g(x, y)=0\}$이 $|(x, y)| \to \infty$를 위한 $g(x, y) \to \infty$를 갖는 $\mathbb{R}^2$ 위의 함수를 대변한다고 가정한다. 나아가 g가

M의 주위에서 끊임없이 미분할 수 있고, $(\text{grad } g)(x_0, y_0) \neq (0, 0)$이 모든 $(x_0, y_0) \in M$을 대변한다고 가정한다. 그러면 M은 매끈하고 이중점 없이 닫힌 길들의 최후 적분이다.

[힌트 우선 M은 제한되고 고립되어 있다. 집합 M이 지역적으로 매끈하고 이중점 없는 길이라는 것을 음함수로 보이시오. M만 닫혀 있지 않다면, M에 대해 위에서 말한 지역적인 묘사와는 달리 M은 빈틈없는 집합으로서 출발점 (x_0, y_0)을 가질 것이다.]

특히 M은 우리의 두 주인공이 지도에 그려 넣은 것처럼 절대 모서리를 가질 수 없다.

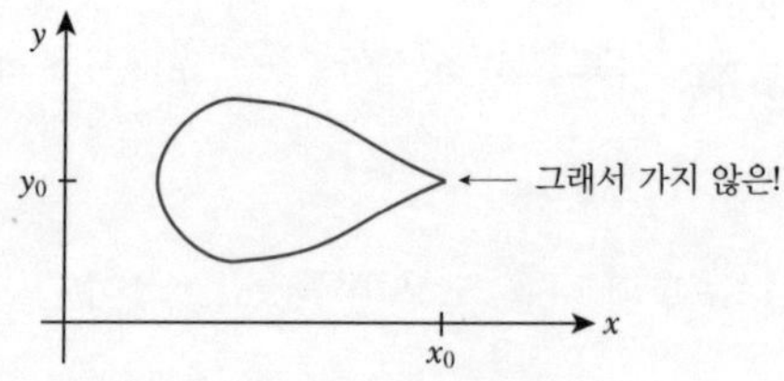

모험 60

그들의 집터는 좌표 $\left(\frac{1}{2}, -1\right)$을 갖는다. 거기서 모험 59의 힌트에서 나온 함수 g에 대해 적용되는 것은 $\frac{\partial g}{\partial y}\left(\frac{1}{2}, -1\right) \neq 0$이다. 음함수에 대한 정의에 의하면 $U\left(\frac{1}{2}\right)$로 정의되는 미분할 수 있는 함수 φ가 있다. 그래서 집터 근처에 형식 $[x, \varphi(x)]$의 그들이 표시한 길이 있다. 따라서 그들은 접선 방향으로 커브 $y = \varphi(x)$로 걸어가야 한다. 이와 함께 그들의 출발 방향은 $\tan\alpha = \varphi'\left(\frac{1}{2}\right)$을 가진 각도 α로 동쪽으로 떠난다.

과제 a) 음함수에 대한 정의를 이용하여 $\varphi'\left(\frac{1}{2}\right)$을 계산하시오.

과제 b) 그리고 α를 계산하시오(여기서 두 사람이 시계 반대 방향으로 모험 58에서 계산된 적합한 장소 주위를 돌고 있다는 것을 이용해야 한다).

모험 61

아래의 스케치처럼 $\vec{x} = (x_1, x_2, x_3, x_4)$인 정의를 내리시오.

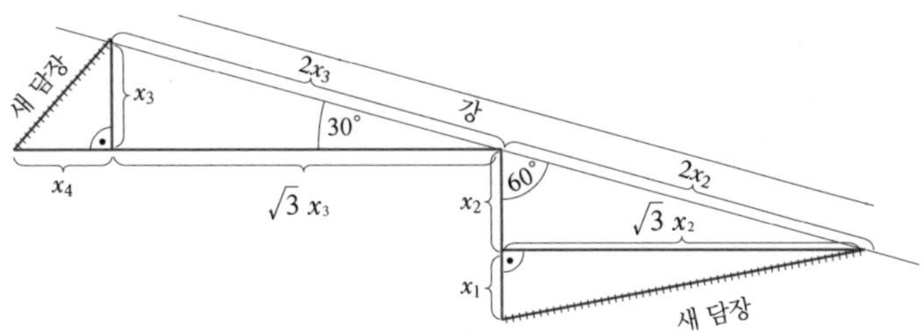

새 목장의 전체 면적 $f(\vec{x})$는 다음과 같다.

$$f(\vec{x}) = \frac{1}{2}\left(x_1\sqrt{3}\,x_2 + \sqrt{3}\,x_2^2 + \sqrt{3}\,x_3^2 + x_3 x_4\right)$$

새 담장의 길이는 100m이므로 다음의 공식이 성립한다.

$$(*) \qquad g(\vec{x}) \underset{Def.}{=} \sqrt{x_1^2 + 3x_2^2} + \sqrt{x_3^2 + x_4^2} - 100 = 0$$

우리는 초기 조건들을 고려하여 최댓값을 내야 하는 과제를 안고 있다. 여기서 f의 정의역은 다음과 같다.

$$\{\vec{x};\, x_1 \geqq -x_2,\ x_2 \geqq 30,\ x_3 \geqq 30,\ x_4 \geqq -\sqrt{3}\,x_3\}$$

$\vec{x}$에 대한 행렬 $\left[\frac{\partial g}{\partial x_i}(\vec{x})\right]$는 첫 번째 순위를 가지므로, 정의역의 내부에

서 나온 $f(\vec{x})$ 중의 최대점 $\vec{x}$에 대해

$$\frac{\partial f}{\partial x_i}(\vec{x}) = \lambda \frac{\partial g}{\partial x_i}(\vec{x}) \qquad (i = 1, 2, 3, 4)$$

를 가진 하나의 숫자 λ가 있다.

과제 a) 우선 $i = 3, 4$에 대한 방정식을 관찰하고 동시에 x_4와 λ를 x_3을 통해 표현하면서, 초기 조건을 가진 최댓값의 과제의 답을 계산하시오. 그에 상응하여 $i = 1, 2$에 대한 방정식으로 시도해 보시오. 그리고 (*)를 이용하여 찾고 있는 $\vec{x}$를 계산하시오.

유감스럽게도 $f(\vec{x})$는 최댓값이 아님이 밝혀진다. [$f(\vec{x})$를 단순하게 계산하시오!] 따라서 최댓값은 f의 정의역 가장자리에 놓여 있다. 물론 $x_1 \leqq 0$ 내지는 $x_4 \leqq 0$에 대한 최댓값은 가능하지 않다. 그래서 최댓값은 $x_2 = 30$ 또는 $x_3 = 30$에 놓여 있다. $x_2 = 30$에 대한 경우를 다루고자 한다[$x_3 = 30$에 대한 경우도 똑같다. 이 경우를 계산해 보면, 거기에 최댓값이 있지 않음을 알게 된다. 물론 최댓값이 가장자리의 가장자리에($x_2 = 30 = x_3$의 경우에도) 놓여 있지 않다는 것을 배제할 수 있을 것이다.]

먼저 위에서처럼 부대조건을 가진 최댓값의 과제를 풀 수 있다. 여기서 f의 정의역은 이제

$\{(x_1, x_3, x_4) \in \mathbb{R}^3; x_1 \geqq -30,\ x_3 \geqq 30, x_4 \geqq -\sqrt{3}\,x_3\}$이다.

과제 b) 이 경우에 대해 Lagrange의 적분 인자와 초기 조건 방정식을 가진 세 방정식을 써 보시오!

이 방정식의 해결은 간단하지 않다. 먼저 $\frac{\partial f}{\partial x_3}$와 $\frac{\partial f}{\partial x_4}$에 대한 방정식으로부터 x_3을 통한 x_4와 λ에 대한 값을 제시하시오. $\frac{\partial f}{\partial x_1}$에 대한 방정식과 초기 조건 방정식으로부터 계산될 수 있는 숫자 a와 b를 가진 $\lambda x_1 = \mathrm{a} + \mathrm{b}x_3$을 추론하시오. 이제 다음 과제를 시도해 보시오.

과제 c) 초기 조건으로부터 계산될 수 있는 c, d, 그리고 e를 가진 다음 방식의 한 방정식을 유도하시오!

$$(**) \qquad \sqrt{\left(\frac{c}{x_3} - d\right)^2 + 3 \cdot 30^2} + x_3 \mathrm{e} = 100$$

x_3에 따른 이 방정식을 해결할 수 있다. 첫 번째 접근은 방정식 $\sqrt{3 \cdot 30^2} + x_3^* \mathrm{e} = 100$을 제공한다. 이 x_3^*을 방정식 (**)의 왼쪽 근수에 집어넣고 x_3을 해결한다면, (**)에 대한 매우 좋은 접근을 하게 된다.

과제 d) 이와 함께 $\vec{x}$를 계산하시오!

모험 62

모험 57에 대한 힌트에 의하면 (x, y) 점의 땅바닥은 마을 주민들이 $\frac{1}{20}xy$(미터) 주위로 파헤쳤다. 그래서 흙더미는 다음과 같다.

$$\int_K \frac{1}{20} xy \, d(x, y)$$

여기서 K는 1/4 원을 가리킨다.

$$K = \left\{(x, y); 0 \leqq x \leqq \sqrt{8^2 - y^2} \text{ 그리고 } 0 \leqq y \leqq 8\right\}$$

이제 K는 x축의 방향으로 사영될 수 있으며, 이와 함께 흙더미의 표면적은 Fubini 정의로 계산될 수 있다.

과제 이것을 계산해 보시오!

모험 63

보트는 절반의 축 $a = 2$, $b = \frac{1}{4}$을 갖는 반으로 된 회전 타원체면이므로 우선 다음의 사실을 입증하시오.

과제 a) R가 절반의 축 a와 b를 가진 한 타원의 회전 몸체라고 가정한다(여기서 첫 번째 축 즉 a가 회전축이 되어야 할 것이다). 좌표계는 출구 타원이 $(x, y, 0)$ 면에 놓이고 방정식이 $(x/a)^2 + (y/b)^2 = 1$을 갖는다고 가정한다. 그러면 R의 표면에서 점 (x, y, z)에 대해 다음 방정식이 적용된다.

$$y^2 + z^2 = b^2\left(1 - \frac{x^2}{a^2}\right)$$

과제 b) 이로부터 추론하시오. E가 $(x, y, 0)$ 면에 간격 z를 가지고 평행으로 가는 면이라면, $E \cap R$는 다음의 절반 축을 가진 타원이다.

$$ab^{-1}\sqrt{b^2 - z^2},\ \sqrt{b^2 - z^2}$$

이제 R를 E로 자르면, 새 타원의 표면 용적은 $\pi\frac{a}{b}(b^2 - z^2)$이다.

과제 c) 이제 카발리에리 원리를 이용하여 z 성분이 일정한 값 c와 d 사이에 있는($0 \leqq c \leqq d \leqq b$) 타원체면의 그 부분의 부피를 구하시오.

$c=0.05$와 $d=b$를 넣으시오. 아르키메데스의 원리를 이용하여 전체 무게 160kg을 가진 보트가 물 위로 5cm보다 적게 떠오를 것인지 아닌지를 알게 될 것이다.

모험 64

모험 57의 힌트에 따라 그 경사진 동산은 성벽 토대 맞은편 (x, y) 점에서 $\frac{1}{20}xy$로 가라앉아 있다. 그래서 평면 $f(x, y) = \frac{1}{20}xy$의 표면이 계산될 수 있다. 여기서 모험 62에 따르면 $0 \leqq x, y$ 그리고 $x^2 + y^2 \leqq 8^2$이다.

과제 다음 공식을 이용하고,

$$F = \int_{\substack{0 \leqq x,\, y \\ x^2 + y^2 \leqq 8}} \sqrt{1 + \left(\frac{\partial f}{\partial x}\right)^2 + \left(\frac{\partial f}{\partial y}\right)^2}\, d(x,\ y)$$

변환 원칙을 이용하여 적분을 계산하면서 표면을 계산하시오.

모험 65

통나무의 표면은 모험 63 과제 a)에 따라 다음 방정식을 통해 주어진다.

$$\left\{(x, y,\ z);\, z^2 = b^2\left(1 - \frac{x^2}{a^2}\right) - y^2\right\}$$

틈새는 점 $(x,\ y,\ z)$에 있다고 한다.

과제 a) x, y에 종속되어 있는 점 $(x,\ y,\ z)$ 안에서 법선 벡터 $N(x,\ y,\ z)$를 계산하시오.

이것의 방향은 또 다른 방법으로서 태양이 현지 시간으로 15시에 이 자리 위에 정확히 수직으로 선다는 것을 통해서도 알 수 있다. 태양이 오늘 정점에 서 있고 우리는 적도에 있기 때문에 이 시간에 태양은 정확히 서쪽에서 수평선에 $(3/12)180^\circ = 45^\circ$의 각도로 서 있다(태양이 반원을 그리기 위해서는 12시간이 필요한데 지금은 이 반원이 되기까지는 3시간이 필요하기 때문이다). 보트의 용골이 정확히 북서쪽을 가리키고 있으므로 태양은 위의 좌표계에서 좌표

$(S_1,\ S_2,\ S_3) = (-R/2,\ -R/2,\ R/\sqrt{2})$를 갖는다.

여기서 R는 지구와 태양 사이의 간격을 나타낸다.

과제 b) $c \in \mathbb{R}$에 대해 $N(x,\ y,\ z) = c\,(S_1,\ S_2,\ S_3)$이 성립하는 $(x,\ y)$를 구하시오.

모험 66

좌표계와 표시들이 다음 스케치와 같다고 가정한다.

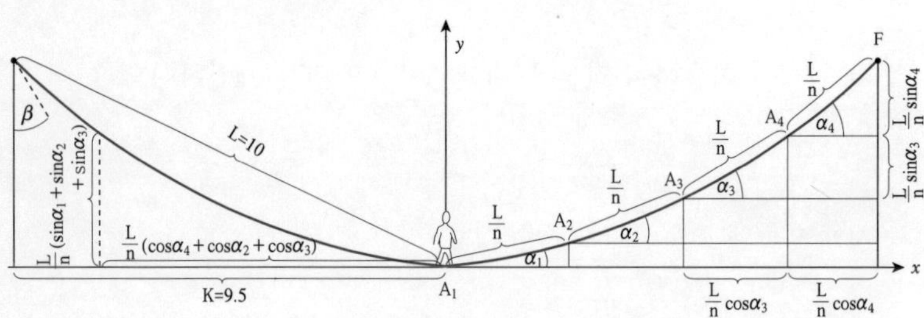

단단히 고정된 들보 n에서 나온 다리 절반을 생각해 본다. 여기서 각 길이는 $\frac{L}{n}$ 이다(스케치에서 n=4이다). 다리 절반이 갖는 질량 m=300kg 이 n 점들에서 $A_1, A_2, \cdots, A_n$으로 균등하게 배분되어 있다고 생각한다. 여기서 프리츠는 점 A_1에서 절반의 질량(=εm)에 도달한다. 동시에 야자수의 밑동 F와 연관하여(주어진 어떤 각도 $\alpha_1, \cdots, \alpha_n$에 종속되어 있는), 프리츠와 다리의 위치 에너지의 손실 $f(\alpha_1, \cdots, \alpha_n)$은 다음과 같다.

$$f(\alpha_1, \cdots, \alpha_n)$$

$$=\left(\frac{m}{n}+\varepsilon m\right)\sum_{i=1}^{n}\frac{L}{n}\sin\alpha_i+\frac{m}{n}\sum_{i=2}^{n}\frac{L}{n}\sin\alpha_i+\cdots+\frac{m}{n}\sum_{i=n}^{n}\frac{L}{n}\sin\alpha_i$$

$$=\frac{mL}{n}\left[(\sin\alpha_1)\left(\frac{1}{n}+\varepsilon\right)+(\sin\alpha_2)\left(\frac{2}{n}+\varepsilon\right)+(\sin\alpha_3)\left(\frac{3}{n}+\varepsilon\right)+\cdots\right]$$

스케치에 따르면 계속하여 다음의 공식이 성립한다.

$$g(\alpha_1, \cdots, \alpha_n)\underset{Def.}{=}-\frac{L}{n}(\cos\alpha_1+\cos\alpha_2+\cdots+\cos\alpha_n)+K=0$$

이제 위치 에너지의 손실이 최대가 되도록 $\alpha_1, \cdots, \alpha_n$을 선택해야 한다.

과제 a) $(*)\ \frac{mL}{n}\left(\frac{i}{n}+\varepsilon\right)\cos\alpha_i=\lambda\frac{L}{n}\sin\alpha_i$

를 가진 $\lambda\in\mathbb{R}$가 있다는 것을 보이시오.

여기서 $1 \leqq i \leqq n$이다.

이제 다음의 삼각 함수의 항등식이 필요하다.

과제 b) $\cos\alpha = \sqrt{\dfrac{1}{1+\tan^2\alpha}},\ \sin\alpha = \sqrt{\dfrac{\tan^2\alpha}{1+\tan^2\alpha}}$

함수 h가 쇠줄을 나타낸다면, 큰 n에 대해 다음과 같다($v=3$에 대한 스케치의 왼쪽 면을 보시오).

$$h\left(\sum_{i=1}^{v}\frac{L}{n}\cos\alpha_i\right) \approx \sum_{i=1}^{v}\frac{L}{n}\sin\alpha_i$$

과제 a), b)와 함께 추론하시오.

과제 c) $a := m/\lambda$이라면,

$$h\left(\sum_{i=1}^{v}\frac{L}{n}\sqrt{\frac{1}{1+(\varepsilon+\frac{i}{n})^2a^2}}\right) \backsimeq \sum_{i=1}^{v}\frac{L}{n}\sqrt{\frac{(\varepsilon+\frac{i}{n})^2a^2}{1+(\varepsilon+\frac{i}{n})^2a^2}}$$
이 성립한다.

λ이 n에 종속되어 있다는 것을 주의하시오. 그러나 $\lim_{n\to\infty}\alpha_n = 90° - \beta$(스케치를 보시오)와 과제 a)와 함께 추론된 관계 $\tan\alpha_n = \dfrac{m}{\lambda}(1+\varepsilon)$
로부터 λ에 대한 값이 고정값 $m(1+\varepsilon)\tan\beta$에 반하여 $n\to\infty$를 위해 노력한다는 것을 알게 된다. 그래서 큰 n에 대하여 우리의 λ는 확고한 것으로 받아들여질 수 있다.

x가 고정적이라고 가정한다. $n\to\infty$와 v가 $v/n \to x-\varepsilon$가 되도록 ∞에 대응하게 하시오. 그러면 과제 c)에서 나온 두 합이 상응하는 적분에 반한다.

$$h\left(L\int_0^{x-\varepsilon}\sqrt{\frac{1}{1+(\varepsilon+t)^2a^2}}\,dt\right) = L\int_0^{x-\varepsilon}\sqrt{\frac{(\varepsilon+t)^2a^2}{1+(\varepsilon+t)^2a^2}}\,dt$$

이 적분을 우리는 원시함수에 대해 산정한다(왼쪽 적분에 대해 모험 39 e)를 비교하고, 오른쪽 적분은 치환을 통해 간단히 계산할 수 있다).

과제 d) 추론해 보시오.

$$h\left\{\frac{L}{a}\left[\log(ax+\sqrt{1+a^2x^2})-\log(a\varepsilon+\sqrt{1+a^2\varepsilon^2})\right]\right\}$$

$$=\frac{L}{a}\left(\sqrt{1+a^2x^2}-\sqrt{1+a^2\varepsilon^2}\right)$$

이제 h의 증명을 이 마지막 표시에서 y와 동일하게 놓고, 계속하여 $1+a^2x^2=z^2$을 적분하시오. 그리고 다음을 보이시오.

과제 e) 함수 h는 위에서처럼 동질적인 질량 배분을 가진 자유롭게 걸려 있는 쇠줄을 의미한다고 한다. 쇠줄의 중앙에서 전체 무게의 ε배가 부가적으로 집중되어 있다. 그러면 다음의 공식이 유효하다.

(∗∗) $h(y)=$

$$\frac{L}{a}\left(\frac{e^{\frac{a}{L}y}(\sqrt{1+a^2\varepsilon^2}+a\varepsilon)+e^{-\frac{a}{L}y}(\sqrt{1+a^2\varepsilon^2}+a\varepsilon)^{-1}}{2}-\sqrt{1+a^2\varepsilon^2}\right)$$

이것은 쇠줄의 방정식이다. 동시에 상수 a는 유감스럽게도 아직 알려지지 않았다. 어느 정도 정확히 계산하기 위해 ε의 힘에 대한 우항을 전개하고 첫째 항 이후 중단한다.

$$\cos hx=\frac{1}{2}(e^x+e^{-x}),\ \sin hx=\frac{1}{2}(e^x-e^{-x})$$

에서 다음의 것들을 얻게 된다.

과제 f) $h(y)\backsimeq\frac{L}{a}\left(\cosh\frac{a}{L}y+a\varepsilon\sinh\frac{a}{L}y-1\right)$

이 관계를 사용해 본다.

과제 g) 다음 공식

$L=\int_0^K\sqrt{1+[h'(y)]^2}\,dy$를 이용하여

모든 항을 ε^2, ε^3,⋯ 으로 무시하면서 다음이 성립함을 보이

시오.

$$a \approx \sin h \frac{K}{L} a + a\varepsilon \left(\cos h \frac{K}{L} a - 1 \right)$$

그리고 이 방정식으로부터 a를 계산하시오. 여기서 cos$h$−수열 내지는 sin$h$−수열 속에서 ≧ 5인 지수를 가진 모든 항이 무시된다(ε=1/10; K = 9.5; L=10).

이제 여러분은 과제 f)에서 h(9.5)를 계산할 수 있고, 프리츠가 있는 다리가 강 표면의 중앙에서 배고픈 악어 떼로부터 몇 cm 떨어져 있는지 알 수 있다.

참조 방정식 (∗∗)은 프리츠 없이 다리 위에서(즉 ε=0) 쇠줄이 함수 $\cosh\frac{a}{L}y$ 모양으로 걸려 있다는 것을 보여 준다. 그래서 이 함수는 사슬함수라고도 불린다.

모험 67

나무판자 4개의 무게를 똑같이 하기 위해서는 모든 판자의 단면이 나무 단면의 정확히 4분의 1이어야 한다. 나무는 동경 1을 가진 원 모양의 단면을 갖고 있다고 한다. 그러면 다음의 공식을 가진 x가 찾아진다.

(∗) $$2 \int_0^x \sqrt{1 - t^2}\, dt = \frac{\pi}{4}$$

과제 a) 증명하시오.

$f(x) := \arcsin x + x\sqrt{1 - x^2} - \frac{\pi}{4}$이면,

숫자 x는 (∗)로부터 방정식 $f(x) = 0$을 만족시킨다.

f의 영점을 계산하려면 뉴턴의 근사법을 사용해야 하는데, 이 방식에 의하면 x_{n+1}은

$$x_{n+1} := x_n - f(x_n)/f'(x_n)$$

에 따라 규정된다. 먼저 염두에 두어야 할 것은 이를 통해 규정된 결과가 간격 $[0, \frac{1}{2}]$ 안에 있다는 것이다. 여기에 다음의 과제가 필요하다.

과제 b) 다음을 보이시오.

$$x_{n+1} = x_n - \int_0^{x_n} \frac{\sqrt{1-t^2}}{\sqrt{1-x_n^2}} dt + \frac{\pi}{4} \frac{1}{2\sqrt{1-x_n^2}}$$

이로부터 $x_n \in [0, \frac{1}{2}]$에 대해 또한 $x_{n+1} \leqq \frac{1}{2}$이라는 것을 추론하시오.

(**힌트** 우항의 처음 두 표현의 합은 음이다.)

과제 c) 항등식 $x_n f'(x_n) = 2\left[f(x_n) + \left(\frac{\pi}{4} - \arcsin x_n\right)\right]$을 유도하고, 이로부터 $x_n \in [0, \frac{1}{2}]$에 대해 또한 $x_{n+1} \geqq 0$이라는 것을 추론하시오.

이와 함께 결과 x_n이 우리의 간격에서 벗어나지 않는다는 것이 제시된다. 계속하여 다음의 평가들이 필요하다.

과제 d) $t \in [0, \frac{1}{2}]$에 대해 다음을 보이시오.

$$\left|\frac{f(t)f''(t)}{[f'(t)]^2}\right| < \frac{1}{3}$$

과제 e) 이제 여러분은 뉴턴 방식을 오차 추정과 함께 시작할 수 있다! ($x_1 = 0.25$를 넣고, 그 방식을 두 번 이용하고 오차가 $\leqq 1/36$임을 증명하시오!)

모험 68

보트의 위쪽 테두리는 타원 방정식을 갖는다(모험 63을 참조하시오).

$$\left(\frac{x}{2}\right)^2 + \left(\frac{y}{1/4}\right)^2 = 1$$

$\frac{x}{2} = \cos t$를 넣으면, $\frac{y}{1/4} = \sin t$여야 한다. 그래서 $t \in [0, 2\pi]$를 갖는 $(x, y) = (2\cos t, \frac{1}{4}\sin t)$는 타원 테두리의 매개 변수를 표현한다.

타원의 둘레는 다음 방정식을 통해 주어진다.

$$\int_0^{2\pi} \sqrt{(2\sin t)^2 + (\frac{1}{4}\cos t)^2}\, dt$$

과제 a) 이 적분은 $g(x) := 2 + \frac{1}{32} - (2 - \frac{1}{32})\cos 2x$와

$f(x) := \sqrt{g(x)}$에서

$4\int_0^{\pi/2} f(x)\, dx = 4\int_0^{\pi/2} \sqrt{g(x)}\, dx$와 같다.

이 적분을 우리는 기본적인 근간 함수를 수단으로 명백한 적분을 통해서 풀 수 없다. 그래서 심프슨 공식을 이용할 수 있을 것이다. 여기서 오차는 다음과 같다.

$$\leqq \frac{(b-a)^5}{2880N^4} \max_{x \in [a,b]} \left| f^{(4)}(x) \right|$$

$2N+1$은 함수값 $f(x)$가 심프슨 공식을 위해 계산되어야 하는 지점의 숫자를 의미한다. 그러나 유감스럽게도 $f^{(4)}(x)$에 대해 매우 나쁜 평가가 나타나고(즉 $\left|f^{(4)}(x)\right| \leqq 2^{18}$), $\left|f^{(4)}(x)\right|$가 2^{18}처럼 실제로 비교할 수 있는 크기 배열 안에 정착하고 있다는 것이 나타난다. 그래서 우리는 좋은 오차 추정을 보장하기 위해 심프슨 공식에서 더 큰 N을 취해야 했다. 따라서 오차 추정에서 단지 두 번째 도함수가 들어가는 Trapez 공식을 취하는 것이 더 낫다.

과제 b) $0 \leqq x \leqq \frac{\pi}{2}$에 대해 $\left|f''(x)\right| \leqq 48$이 적용됨을 보이시오.

[힌트 여기에 우선 다음의 추정들을 증명하시오.

$\frac{1}{16} \leqq g(x), \qquad g'(x) \leqq 1 \qquad 0 \leqq x \leqq \frac{1}{8}$

$\frac{1}{8} - \frac{1}{2^9} \leqq g(x), \quad g'(x) \leqq 2 \qquad \frac{1}{8} \leqq x \leqq \frac{1}{4}$

$\frac{1}{4} \leqq g(x), \qquad g'(x) \leqq 4 \qquad \frac{1}{4} \leqq x \leqq \frac{\pi}{2}$]

이제 $y_i = f\left(a + \frac{b-a}{N} i\right)$에서 Trapez 공식을 이용하시오.

$$\int_a^b f(x)\,dx \backsimeq \frac{b-a}{2N}\left(y_0 + 2y_1 + \cdots + 2y_{N-1} + y_N\right)$$

여기서 오차는 $\leqq \frac{(b-a)^3}{12N^2} \max_{x \in [a,b]} |f''(x)|$이다.

과제 c) Trapez 공식에 따라 $N=10$에 대해 오차 추정에 대한 적분을 계산하시오.

모험 69

f가 세금 함수라고 가정한다(모험 14를 참조하시오).

f: [1400, 4000] → $\mathbb{R}$

f는 네 번째 항의 다항식이다. 우리는 $f(1400)=240$, $f(1500)=265$, $f(1700)=320$, $f(1800)=350$, $f(2000)=415$라는 것을 알고 있다.

과제 한 번은 라그랑주 보간법으로, 다음은 뉴턴 보간법으로 값 $f(4000)$을 계산하시오. 그리고 곱셈과 나눗셈이 첫 번째와 두 번째 경우에서 몇 번이나 나오는지 비교해 보시오!

이 비교는 컴퓨터가 덧셈이나 뺄셈보다 곱셈이나 나눗셈에서 훨씬 힘들어하고 따라서 귀중한 계산 시간이 무엇보다 '·' 내지는 ':'의 숫자를 통해 결정되기 때문에 중요하다.

모험 70

t초 후에 통나무가 물 밖으로 $s(t)$미터 솟아오른다고 한다. 그러면 이 시점에 구축되는 물의 부피는 무게 $2.5\pi[4.1-s(t)]$kg을 갖는다. 통나무의 질량이 20kg이므로 그것의 가속도는 $20s''(t)$와 같다. 이것은 구축된 부피의 부력$\{=2.5\pi(4.1-s(t))g\}$으로부터 통나무 중력$(=-20g)$과 마찰력[주로 4개의 아래쪽 옆가지들로 인해 나타나며, 속도 $s'(t)$에 비례한다]에 함께 작용한다. 그래서 다음의 공식을 얻게 된다.

$$(*) \qquad 20s''(t) = [2.5\pi(4.1 - s(t)]\,\mathrm{g} - 20\,\mathrm{g} - \alpha s'(t)$$

[우리의 미분 방정식은 통나무가 위로 밀쳐지고, 옆가지 네 개가 물속에 있고, 즉 $s(t)$가 커지고, $s(t) << 4$로 머물러 있는 동안만 유효하다. 이 미분 방정식에서 주의해야 할 것은 우리가 적도에 있고, 더 강한 비상력 때문에 거기서의 지구 가속 g는 우리의 위도 즉 $g = 9.78\,\mathrm{msec}^{-2}$에서보다 작다는 것이다.]

그래서 미지수 a를 갖는(비례요소 α가 미지수이기 때문이다) 공식

$$s''(t) + as'(t) + bs(t) = c$$

에 대한 미분 방정식 하나를 얻게 된다.

과제 a) 미분 방정식이 다음과 같이 주어졌다고 가정한다.

$$s''(t) + as'(t) + bs(t) = c,\ s'(0) = 0$$

$s(t)$는 실수값의 함수이고, 이 함수는 감쇠된 진동을 표현한다(즉 $a>0,\ b>a^2/4$이다).

$s(t)$의 첫 번째 최댓값이 점 $t_0 = \pi/\sqrt{b-a^2/4}$에 놓여 있다는 것을 보이시오.

[**힌트** 다음을 써 보시오.

$(**)\ \ s(t) = \mu_1 e^{\lambda_1 t} + \mu_2 e^{\lambda_2 t} + K$

를 계산하고, $s'(0) = s'(t_0) = 0$을 이용하시오. 그러면 나서 이런 성질을 가진 가장 작은 양의 t_0을 구하시오.]

과제 b) 과제 a)에 추가하여 이제 알려진 수 b, c, d, e와 미지수 a가 있는 초기 조건

$s(0) = d$

$s(t_0) = e$

가 주어졌다. 가장 큰 진폭의 최댓값 e에 대한 '감쇠 인자' a는 다음 공식에 따라 계산될 수 있음을 보이시오.

$$a = \sqrt{\frac{f^2 b}{f^2 + \pi^2}} \quad \text{mit } f = \log\left(\frac{c - eb}{db - c}\right)$$

(**힌트** 직접 a, b, c와 연관하여 λ_1, λ_2, 그리고 K를 계산하시오. 다음엔 과제 a)에서 나온 t_0을 넣으시오. 그러면 여러분은 두 개의 부대조건으로부터 a에 따라 풀 수 있는 다음에 대한 방정식을 얻게 된다.

$$\exp\left[-a\pi/(2\sqrt{b - a^2/4})\right]$$

우리의 특별한 경우에는 부대조건 $s(0) = 1$, $s(t_0) = 2$를 갖는다.

과제 c) $(*)$와 과제 b)를 이용하여 상수 a, b, c, λ_1, λ_2, K를 숫자로 계산하시오.

두 번째 시도에서, 통나무가 완전히 물 밑으로 눌릴 때, 방정식 $(*)$이 다시 유효하다. 이때는 출발 조건으로

$s(0) = s'(0) = 0$이다.

다시 $s(t)$는 위에서처럼 동일한 λ_1, λ_2, 그리고 K를 갖는 형식

($**$)를 취한다.

계수 μ_1, μ_2는 두 번째 시도에 대해 출발 조건으로부터 쉽게 주어진다.

과제 d) 두 번째 시도를 나타내는 함수 s(t)를 명확히 써 보시오. 이어서 찾고자 하는 값 $s(t_0)$을 결정하시오(여기서 t_0은 과제 a)에 따라 계산된다).

모험 71

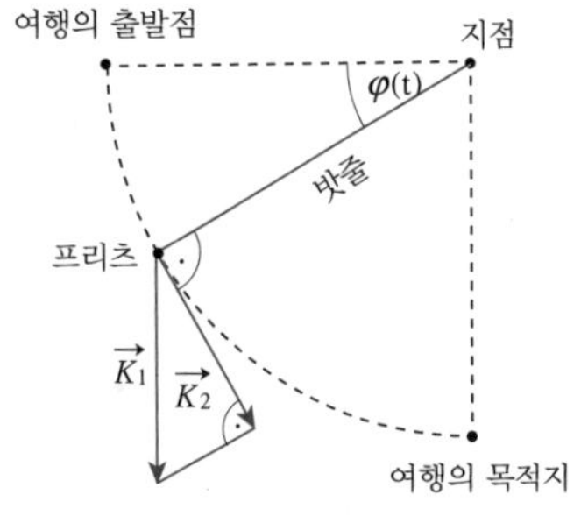

$\varphi(t)$가 t 시점에 프리츠가 꽉 붙들고 있는 밧줄이 수평선과 형성하는 각도라고 가정한다.

프리츠는 힘 $\overrightarrow{K_2}$를 통해 그의 진행 방향으로 촉진된다. 여기서 $\overrightarrow{K_2}$는 힘의 평행사변형으로부터 $\overrightarrow{K_1}$= 땅이 끌어당기는 힘을 통해 계산된다. 프리츠의 m = 질량과 g = 9.78… [m/sec^2]를 갖는 $|\overrightarrow{K_2}| = mg\cos\varphi(t)$가 주어진다. 다른 한편으로는 프리츠의 가속도가 $l\ddot{\varphi}(t)$와 같다. 여기서 l = 밧줄의 길이 = 6[m]이다.

그래서 $\ddot{\varphi}(t) = \frac{g}{l}\cos\varphi(t)$와 함께 $|K_2| = ml\ddot{\varphi}(t)$가 유효하다.

[$\varphi(t)$의 다른 표시를 통해 모험 27과는 다른 방정식이 주어진다. 이 새로운 관계는 형식상의 작은 장점을 갖고 있다.]

이것은 우리가 풀고자 하는 제시된 함수 a를 가진 다음 미분 방정식의 특별한 경우이다.

($*$) $\quad \ddot{\varphi}(t) = a[\varphi(t)]$

과제 a) ($*$)의 해답에 대해 다음이 적용됨을 증명하시오.

$$(**) \quad \int_{\varphi(0)}^{\varphi(t)} \frac{dx}{\sqrt{2A(x) - 2A[\varphi(0)] + [\dot{\varphi}(0)]^2}} = t$$

여기서 $A'(x) = a(x)$이다.

힌트 $(*)$를 $\dot{\varphi}(t)$로 곱하시오. 그리고 0에서 t까지 적분하시오. 연이은 변환 이후 다시 한 번 적분되어야 한다.

과제 b) 프리츠의 모험 시간 t_0에 대해 다음의 방정식이 적용됨을 보이시오.

$$\int_0^{\pi/2} \frac{dx}{\sqrt{2\frac{g}{l}\sin x}} = t_0$$

이 적분을 계산하기 위해 여러 가지 숫자상의 방법을 이용해야 한다. 예를 들면 심프슨 혹은 Trapez 법칙이 있다. 이때 함수 $f(x) = (\sin x)^{-1/2}$에서 먼저 함수 $g(x) = (\alpha x^{-1/2} + \beta x^{3/2} + \gamma x^{7/2})$를 빼야 한다. 이와 함께 미분 함수 $h(x)$는 간격 $[0, \pi/2]$에서 심프슨에 의해 요구된 네 번째 도함수의 제한을 충족시킨다. 그래서 $h(x)$를 숫자상으로 적분할 수 있으며, $g(x)$도 명백하게 적분할 수 있으므로 $f(x)$에 대해 구하는 적분에 대한 근사치를 얻게 된다.

두 번째 가능성도 제시되어야 할 것이다.

과제 c) 점 $x_0 = 0$에서 항 x^4까지

$f(x) = \sqrt{\dfrac{x}{\sin x}}$에 대한

테일러 급수 전개를 하시오.

$\sqrt{x}$로 나누고, 0에서 $\pi/2$까지 적분하시오.

과제 d) 그와 함께 t_0을 계산하시오!

이제 마지막으로 적분에 대한 명백한 공식 하나를 유도해 내고자 한다. 여기서 우리는 공식집합체(예를 들어 Whittaker/ Watson: Modern Analysis, S. 254를 참조하시오)로부터 취해진 이른바 오일러의 적분 첫 번째 조항을

$$\int_0^1 x^{\alpha}(1-x)^{\beta}\,dx = \frac{\Gamma(a+1)\,\Gamma(\beta+1)}{\Gamma(\alpha+\beta+2)}$$

전제로 하고자 한다.

과제 e) 동시에 치환 $z = \sin^2 x$와 모험 44의 과제 b), f), g)를 이용하면서 b)에서 연유한 다음 공식을 증명하시오.

$$t_0 = \sqrt{\frac{l}{g}}\,\frac{\pi^{3/2}}{2\left[\Gamma\left(\frac{3}{4}\right)\right]^2}$$

모험 72

$\varphi(t)$가 시소 판자가 t 시점에서 수평선과 형성하는 각도라고 가정한다. 다음 스케치를 보시오.

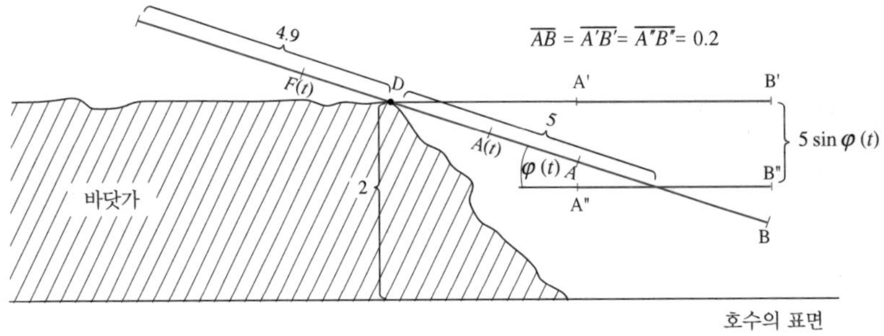

t 시점에 프리츠는 $F(t)$ 장소에, 아부는 $A(t)$ 장소에 있다고 하자. 여기서 $A(t)$로부터 회전점 D까지 떨어진 거리는 $F(t)$에서 D까지의 거리,

즉 $t/4$[미터]와 같다. 프리츠는 아부가 낮게 내려간 만큼 빨리 높이 올라갔고, 둘의 몸무게가 같기 때문에 이 궤도에 외부로부터 어떤 에너지도 가해지지 않았다고 가정할 수 있다. 그래서 다음의 공식이 성립한다.

운동 에너지(판자+프리츠+아부)
+위치 에너지(판자+프리츠+아부)=상수

아부 혹은 프리츠의 회전 방향에서 생기는 운동 에너지는 각각 다음과 같다.

$$\frac{1}{2}mv^2 = \frac{1}{2}60\left[\varphi'(t)\frac{t}{4}\right]^2$$

시소 나무의 방향에서 생기는 아부와 프리츠의 운동 에너지는 이에 반해 상수이다. 판자의 운동 에너지는 다음과 같다.

$$\frac{1}{2}\int_{-4.9}^{5.1}[x\varphi'(t)]^2\frac{dm}{dx}dx$$

미터당 무게가 8kg으로 나무 전체가 균등하게 강하기 때문에 $\frac{dm}{dx}=8$ 이 성립한다. 따라서 이 에너지는 다음과 같다.

$$\frac{4}{3}[\varphi'(t)]^2\left[(5.1)^3+(4.9)^3\right]$$

아부와 프리츠의 위치 에너지는 다시 변함없다. 반면에 판자의 위치 에너지의 변화는 출발 상태 $A'B'$에 반하여 판자 부분 AB가 갖는 위치 에너지의 손실을 고려함으로써 얻어질 수 있다. 이것은 $A'B'$에 반하여 $A''B''$가 갖는 위치 에너지의 손실과 같다. 따라서 다음과 같다.

$$-mgh = -1.6 \cdot 9.78 \cdot 5\sin\varphi(t)$$

(0.2미터 판자는 1.6kg이기 때문이다.) 이와 함께 다음의 미분 방정식을 얻는다.

$$60\left[\varphi'(t)\frac{t}{4}\right]^2 + \frac{4}{3}[\varphi'(t)]^2\left[(5.1)^3 + (4.9)^3\right] - \sin\varphi(t) \cdot 8 \cdot 9.78 = \text{상수}$$

$\varphi(0) = \varphi'(0) = 0$이므로 상수는 0과 같다. 우리는 여기서 알려진 수 α, β를 가진 다음의 미분 방정식을 얻는다.

$$\varphi'(t) = \sqrt{\frac{\alpha}{(\beta t)^2 + 1}}\sqrt{\sin\varphi(t)}$$

이것은 다음 방정식의 특이한 경우이다.

(∗) $\varphi'(t) = a(t)\, b[\varphi(t)]$

과제 a) A가 a의 원시 함수이고 B가 b^{-1}의 원시 함수라고 가정하면, (∗)의 해답 φ(t)가 다음 방정식을 충족시킨다는 것을 보이시오.

(∗∗) $B[\varphi(t)] = A(t) - A(0) + B[\varphi(0)]$

(∗∗)와 모험 39 e)로부터 다음이 나타난다.

과제 b) $\gamma = \sqrt{\alpha}/\beta$에 대해 다음이 적용되는 것을 보이시오.

(∗∗∗) $$\int_0^{\varphi(t)} \frac{dx}{\sqrt{\sin x}} = \gamma \log\left[\beta t + \sqrt{(\beta t)^2 + 1}\right]$$

이제 판자가 호수의 표면을 때리기까지 시간 t_0을 찾아야 한다. 이에 대해 $\varphi(t_0) = \arcsin[2/(5.1)]$이므로 모험 71 과제 c)에 상응하여 숫자상의 통합을 통해 왼쪽면을 계산할 수 있다.

과제 c) 우선 (∗∗∗)의 왼쪽면을 계산하시오. 계속하여 바로 숫자 α, β, γ를 계산하시오. 이어서 (∗∗∗)로부터 시간 t_0을 구하시오.

모험 73

사자의 출발 지점을 점 (0, 0)으로 놓고, 우리의 두 부주의한 주인공은 (0, B)에, 그리고 자동차는 (A, B)에 서 있는 좌표계를 그렸다고 하자(여기서 B= 2000, A=750). 계속하여 v_0이 사자의 속력이고, v_1은 도망가는 두 주인공의 속력이라 하자($v_0 = 3v_1$). 그러면 사자가 t 시점에서 장소 $[f_1(t), f_2(t)]$에 있다면, 두 사람은 장소 $(v_1 t, \mathrm{B})$에 있다. 그리고 사자는 $[B - f_2(t)]/[v_1 t - f_1(t)]$의 기울기로 두 사람을 향해 달리고 있다. 매개 변수 곡선(모험 36을 참조하시오)의 기울기는 $f_2'(t)/f_1'(t)$와 동일하고, 그래서 다음의 방정식이 적용된다.

$$(*) \qquad \frac{f_2'(t)}{f_1'(t)} = \frac{\mathrm{B} - f_2(t)}{v_1 t - f_1(t)}$$

나아가 사자의 속력은 다음과 같다.

$$\left|[f_1'(t),\ f_2'(t)]\right| = \sqrt{[f_1'(t)]^2 + (f_2'(t)]^2} = v_0$$

이와 함께 우리는 두 함수를 갖는 두 개의 미분 방정식을 얻는다. 이 방정식 체계는 두 번째 방정식에서 f_2'를 f_1'를 통해 표시하고 첫 번째 방정식에 대입하는 것으로는 절대 해결될 수 없다. 그래서 트릭을 생각해야 하는데 다음이 그것이다. 두 함수 u, v에 대해 $u^2(t) + v^2(t) = v_0^2$이 적용될 때마다 치환 $u(t) = v_0 \sin\varphi(t)$, $v(t) = v_0 \cos\varphi(t)$가 효과를 갖는다. 치환하시오.

$$f_1'(t) = v_0 \sin\varphi(t),\ f_2'(t) = v_0 \cos\varphi(t)$$

$f_1(0) = f_2(0) = 0$으로 인하여 다음을 얻게 된다.

$$f_1(t) = v_0 \int_0^t \sin\varphi(x)\,dx,\ f_2(t) = v_0 \int_0^t \cos\varphi(x)\,dx$$

이 치환을 가지고 (∗)로부터 두 번의 미분을 통해 다음의 진술들을 유도할 수 있다.

과제 a) 즉 다음과 같다.

$$\varphi''(t) = 2\left[\frac{-1 + (v_0/v_1)\sin\varphi(t) + \cos 2\varphi(t)}{\sin 2\varphi(t)}\right][\varphi'(t)]^2$$

이 미분 방정식을 일반적으로 풀어 보고자 한다(여기서 모험 71의 과제 a)를 참조하시오).

과제 b) 알려진 함수 f를 갖는 다음의 미분 방정식이 주어졌다고 하자.

$$\varphi''(t) = f[\varphi(t)][\varphi'(t)]^2$$

$F(x)$가 $f(x)$의 원시 함수이고 $G(x)$가 $\exp[-F(x)]$의 원시 함수라면 다음을 보이시오.

$$G[\varphi(t)] = G[\varphi(0)] + t\varphi'(0)\exp\{-F[\varphi(0)]\}$$

먼저 원시 함수 F와 G를 우리의 경우에 맞게 규정해야 한다.

과제 c) 다음을 보이시오.

$$F(x) = 2\log\cos x + (v_0/v_1)\log\tan\left(\frac{x}{2} + \frac{\pi}{4}\right)$$

$$G(x) = \int \cos^{-2} x\left[\cot\left(\frac{x}{2} + \frac{\pi}{4}\right)\right]^{(v_0/v_1)} dx$$

우리의 경우에는 $v_0/v_1 = 3$이고, 이 경우에는 $G(x)$도 아주 명백하게 제시될 수 있다.

과제 d) 다음이 성립한다.

$$G(x) = -\left(\frac{1}{8}\right)\sin^{-4}\left(\frac{x}{2} + \frac{\pi}{4}\right)$$

이제 부대조건 $\varphi(0)$과 $\varphi'(0)$을 계산해야 한다. 처음의 조건들은 $f_1(0) = f_2(0) = 0$임을 말해 준다. (*)로부터 $f_1'(0) = 0$이 나온다. 그러면 $f_2'(0) = v_0$이어야 한다. $f_1'(0) = 0$이기 때문에 $\varphi(0) = 0$이 대체될 수 있다. 나아가 (*)로부터 다음이 추론된다.

(**) $\frac{f_2'(t)}{B-f_2(t)} = \frac{f_1'(t)}{v_1 t - f_1(t)}$

과제 e) (**)의 양변에 lim를 취하시오. $t \to 0$을 형성하시오. L' Hospital을 이용하고 $\varphi'(0) = v_1/B$임을 보이시오.

이제 t_0을 사자가 두 사람을 붙잡는 시점이라고 하자. 그러면 다음이 적용되어야 한다.

$f_1(t_0) = v_1 t_0,\ f_2(t_0) = B$

과제 f) (*)에서 $t \to t_0$으로 대체하면서 $f_2'(t_0) = 0$임을 보이시오. 그리고 오른쪽 면에 L' Hospital을 이용하시오. 이로부터 $\varphi(t_0) = \pi/2$를 추론하시오.

시점 t_0을 찾아야 한다. 과제 b)에 $t = t_0$을 넣고, 계속하여 c)–f)와 이미 자주 이용된 방정식 $\varphi(0) = 0$을 이용하시오. 그리고 다음을 보이시오.

과제 g) 다음이 성립한다.

$t_0 = \frac{3B}{8v_1}$

이 결과는 사자가 그의 희생물을 바로 지프 옆에서 붙잡게 된다는 것을 의미한다. 이와 함께 다시 한번 해피 엔딩이 주어지는데 여러분은 다음 모험을 계속 생각해 볼 수 있을 것이다!

모험 74

M을 놀이에 참가하는 사람들의 숫자라 하고(여기서 $m := |M| = 10$이다), N을 무화과의 수라고 하자(여기서 $n := |N| = 20$이다). 참가자 모두가 무화과 하나씩을 고른다는 점을 통해 M에서 N으로의 사상이 수학적으로 주어진다. 어떤 두 사람도 같은 무화과를 원하지 않는다면, 이 모습은 여러 점의 병렬적인 것으로 나타난다.

과제 a) M에서 N으로는 n^m개의 사상이 있고,

$n \cdot (n-1) \cdot (n-2) \cdot \cdots \cdot (n-m+1)$개의 1대 1 사상이 있다.

E가 참가자 모두가 상이한 무화과를 골랐다는 결과를 나타낸다고 하자. $P(E)$는 E가 나타나는 확률이라 하자. 과제 a)로 나타내시오.

과제 b) 다음이 나타난다.

$$P(E) = \frac{20 \cdot 19 \cdot 18 \cdot \cdots \cdot 11}{20^{10}}$$

참조 이 과제는 '생일 문제'와 수학적으로 같은 종류의 문제로 비둘기장의 원리와 같다. 두 참가자가 같은 무화과를 골랐을 확률이 매우 높은 것이다. 이는 예를 들어 50명 중에서 두 사람이 같은 생일날을 택했다는 것과 같다(이 경우에도 위와 같은 공식으로 계산할 수 있다).

모험 75

쏘아 맞히기에서 한 번 명중할 확률은 $p=0.7$이다. 이항 분배에 따라 n번 시도해서 정확히 k번 명중시킬 확률은 다음과 같다.

$$\binom{n}{k} p^k (1-p)^{n-k}$$

과제 n번 시도해서 최소한 k번 명중시킬 확률을 계산하시오. 이어서 n, k, p에 대한 값을 넣고, 이 확률이 >0.91임을 보이시오!

이로써 프리츠가 내기에 이길 확률은 질 확률보다 10배 크다. 그의 시도는 아부나가 시도하는 숫자와 같으므로 이 내기는 프리츠에게 유리하다.

모험 76

$x_1 = 130g$, $x_2 = 140g$, $\cdots$, $x_{10} = 220g$이 마니오크 열매를 저울에 단 무게라고 한다. 이 열매는 $m_1 = 3$, $m_2 = 2$, $m_3 = 12$, $m_4 = 21$, $m_5 = 24$, $m_6 = 22$, $m_7 = 10$, $m_8 = 4$, $m_9 = 1$, $m_{10} = 1$과 같이 빈번하게 나타날 수 있다.

과제 a) 이에 대해 평균값 x_0과 분산 σ를 계산하시오.

생물학적으로 접근하면 이 과일의 무게에 따른 분류는 다음의 밀도

$$h(x) = \frac{1}{\sqrt{2\pi}\,\sigma} \exp\left[-\frac{1}{2}\left(\frac{x - x_0}{\sigma}\right)^2\right]$$

를 갖는 가우스 분포를 충족시킨다는 가정이다(이 추측은 아름다운 종 모양의 곡선을 나타내는 구체적으로 주어진 값들을 통해 굳어진다). 동시에 x_0과 σ에 대해 a)에서 얻어진 값들을 선택한다. 아부나의 주장은 다음과 같다.

$$A := \int_0^{140} h(x)\,dx \leqq 0.03$$

이제 다음의 공식이 나온다.

$$A \leqq \int_{-\infty}^{x_0} h(x)\,dx - \int_{140}^{x_0} h(x)\,dx = \frac{1}{2} + \int_{x_0}^{140} h(x)\,dx$$

과제 b) x_0을 에워싼 $h(x)$를 테일러 급수 전개 하고 $x = 140$에 대해 $z = (x - x_0)/\sigma$에서 다음을 보이시오.

$$A \leqq \frac{1}{2} + \frac{1}{\sqrt{2\pi}}\left(z - \frac{z^3}{2 \cdot 3} + \frac{z^5}{2!2^2 5} - \frac{z^7}{3!2^3 7} + \frac{z^9}{4!2^4 9} - \frac{z^{11}}{5!2^5 11}\right)$$

여기서 찾고자 하는 A에 대한 평가를 얻게 된다.

모험 77

먼저 우리는 산에서 아래로 내려가는 카트린 또는 프리츠의 하강에 대한 길–시간–함수를 세워야 한다. 그러면 $s(t)$가 t 시점까지 지나쳐온 길의 거리라 하자. 카트린은 같은 강세로 브레이크를 잡았기 때문에 마찰력은 속도 $s'(t)$에 비례한다. 땅의 인력은 힘 $mg\sin\varphi = mg/\sqrt{101}$을 가지고 어디에서나 똑같은 크기로 썰매에 작용한다(모험 10에서의 스케치를 보시오). 그래서 알려지지 않은 상수 C를 포함한 다음의 공식이 성립한다.

$$ms''(t) = mg/\sqrt{101} - Cs'(t)$$

여기서 분명한 것은 $K = g/\sqrt{101}$과 미지의 $c = C/m$를 갖는

$s''(t) = K - cs'(t)$이다.

여기서 우리는 초기 조건 $s(0) = s'(0) = 0$을 얻는다. 이 미분 방정식을 모험 26에 상응하여 해결할 수 있다.

과제 a) 다음을 보이시오.

$$(*) \qquad s(t) = \frac{Kt}{c} + \frac{K}{c^2}\left(e^{-ct} - 1\right)$$

$s(60) = \sqrt{12^2 + 120^2}$을 알기 때문에 수치적으로(모험 28을 참조하시오) 미지의 상수 c를 계산할 수 있다. 그러면 장애물을 지날 때의 속도 v_0을 얻게 된다[$v_0 = s'(60)$].

과제 b) v_0의 값을 계산하시오.

카트린은 미끄러운 얼음으로 인하여 속도 v_0으로 계속 달린다. 그러나 프리츠는 브레이크를 잡지 못한 채 홈 속으로 빠져든다. f가 부분적으로 미분할 수 있고 연속적인 함수라고 하자. 이 함수는 다음과 같은 홈을 나타낸다.

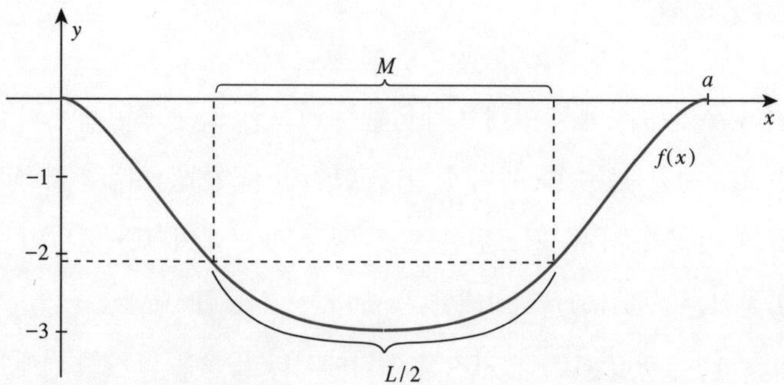

전제에 따르면 $0 \leqq x \leqq a$에 대해 곡선 $f(x)$의 길이 L은 0에서 a까지의 길이보다 약 1/3 더 길다. 그래서 L은 $4/3a$이다. 계속하여 전제에 의하면 모든 $x \in [0, a]$에 대해 $f(x) \geqq -3$이다. 그리고 부분 집합 $M \subset [0, a]$가 생기고, 그래서 $x \in M$에 대해 $f(x) \leqq -2$이며, f에서 M을 넘어가는 곡선의 길이는 $L/2$과 같다.

이제 홈을 통과해 가는 프리츠의 길-시간-함수를 세워 보자. $s(t)$가 t 시점까지 프리츠가 홈에 남긴 길이라고 가정하자($t=0$은 깊은 곳으로 들어갈 때의 시점이다). $x(t)$는 프리츠가 t 시점에 있는 점의 x좌표라고 하자. 그러면 다음의 공식이 성립한다.

$$s(t) = \int_0^{x(t)} \sqrt{1 + [f'(x)]^2}\, dx$$

에너지 보존 법칙에 따라(얼음판이다!)

$$\frac{1}{2} m [s'(t)]^2 = \frac{1}{2} m v_0^2 - mgf[x(t)]$$

과제 c) 마지막 두 방정식으로부터 유도해 내시오.

$$\frac{1}{2}\left(1 + \{f'[x(t)]\}^2\right)[x'(t)]^2 = \frac{1}{2} v_0^2 - gf[x(t)]$$

이것은 공식 $x'(t) = h[x(t)]$의 미분 방정식이다. 따라서 모험 72에 상응하여 해결될 수 있다.

과제 d) 다음을 보이시오.

$$(**) \quad \int_0^a \frac{\sqrt{1+[f'(z)]^2}}{\sqrt{v_0^2 - 2gf(z)}}\,dz = t_0$$

여기서 t_0은 프리츠가 홈을 통과해 갈 때의 시점이다.

카트린은 자기의 길에 대해 물론 시점 a/v_0을 필요로 한다.

과제 e) 다음을 증명하시오.

$$(***) \quad \begin{cases} v_0 \leqq \sqrt{\frac{4}{3}g}\ \text{일 때}\ t_0 < \frac{a}{v_0}\ \text{이다.} \\ v_0 \geqq \sqrt{8g}\ \text{일 때}\ t_0 > \frac{a}{v_0}\ \text{이다.} \end{cases}$$

[첫 번째 부등식에 대해 (**) 안의 적분은 위에서 결정된 M을 갖는 $\int_M + \int_{[0,\ a]-M}$ 으로 쪼개진다. 그러면 $x \in M$에 대해 분모 $\sqrt{v_0^2 - 2gf(z)}$를 $\sqrt{v_0^2 + 4g}$로 나누어 보고, $x \notin M$에 대해 v_0으로 나누어 보시오.

두 번째 부등식에 대해서 우선 적분 $-f(z) \leqq 3$의 분모로 평가해 보시오. 분모에서 v_0을 배제하고 v_0에 대한 조건을 이용하여 새로운 분모을 헤아려 보시오.]

여러분이 b)에서 계산한 값을 v_0에 넣으면, $v_0 \leqq \sqrt{(4/3)g}$임을 얻게 된다. 그래서 프리츠가 먼저 도착한 것이다. 그러나 마지막 경주에 맞추어 두 사람이 경사길을 브레이크를 잡지 않고 달려 내려왔다는 것을 가정한다면, 여러분은 이 경주에 대해 v_0을 에너지 보존 법칙 $h = 12\text{m}$를 갖는 $(1/2)mv_0^2 = mgh$로부터 바로 계산해 낼 수 있다. 그리고 $v_0 \geqq \sqrt{8g}$를 얻는다. 이로써 프리츠는 나중에 목표점에 도달하는 것이다.

참조 방정식 (*)은 또한 다음의 사실을 보여 준다. 임의의 길고도 일정하게 경사진 언덕에서 사라지지 않는 마찰에서도 카트린의 썰매가 갖는 속도는 임의로 커질 수 없으며, 그 속도는 지수 함수적으로 하나의 일정한 값에 접근한다는 것이다. 이 사실을 부주의한 자동차 운전자들도 일정한 경사를 가진 고속도로를 공회전으로 내려갈 때 알게 된다. 낙하산으로 뛰어내리는 사람도 이런 원리 때문에 다치지 않는 것이다 (모험 26을 참조하시오).

계속하여 우리는 (***)에서 추론된 주의할 만한 사실을 증명하였다. 마찰이 없는 도로에서 처음 속도 v_0으로 같은 높이에 놓인 일정한 점에 도달하려면, 직선으로는 가장 빨리 그 목표점에 도달할 수 없으며, 홈을 통과하는 우회 도로를 택해야 하는 것이다(여기서 홈의 깊이는 v_0에 종속되어 있다). 따라서 이 모험을 실제적으로 이용할 수 있다. 만일 어느 도시의 시장이 시민들에게 좀 더 재미있는 자전거 타기를 권하고 싶으면, 자전거 도로를 계곡-언덕-모양으로 내어야 할 것이다. 그러면 사람들은 바람이 팽팽한 바퀴에, 기름칠이 잘된 페달을 밟으며(그럼으로써 마찰을 최소화한다) 이전보다 더 빨리 목표점에 도달할 것이다. 이 계산법이 미심쩍으면, 이와 비슷한 자전거 도로를 직접 자전거로 달려 보세요!